KRISS 한국표준과학연구원
학술총서 제1권

기본상수와 단위계

Fundamental Constants
and System of Units

이호성 지음

청문각

Preface

우리가 일상생활에서 흔히 사용하고 있는 미터, 킬로그램, 초와 같은 단위는 "국제단위계"의 일부입니다. 이런 단위들이 어떻게 만들어졌고 또 어떻게 변해왔는지 일반 사람들은 별로 관심이 없고, 또 굳이 알 필요도 없습니다. 그런데 과학기술이 점점 발달함에 따라 이 분야를 연구하는 과학자들 사이에서는 이 단위들을 다시 정의해야 한다는 요구가 있어 왔습니다. 마침내 국제도량형총회는 2018년에 이 단위들을 재정의 할 예정입니다.

단위란 무엇을 재기 위해 필요한 기준입니다. 기준은 가능하면 변하지 않아야 잰 값을 믿을 수 있습니다. 그런데 킬로그램이라는 단위는 아직도 특수 금속으로 제작된 분동을 사용하고 있습니다. 이것은 만들어진지 100년이 넘었는데 그동안에 그 값이 조금씩 변해왔다는 것이 밝혀졌습니다. 그런데 2018년에 킬로그램을 포함해서 7개의 기본단위들이 전부 '기본상수'를 기준으로 다시 정의됩니다.

기본상수라는 것은 자연의 법칙을 표현하는 공식에 등장합니다. 이미 잘 알려져 있는 뉴턴의 만유인력의 법칙에는 중력상수라는 기본상수가 나옵니다. 또 아인슈타인의 특수상대성 이론에 의하면 빛의 속력은 일정한데, 빛의 속력도 기본상수입니다. 만약 이 상수들의 값이 변한다면 지금까지 쌓아온 물리학의 법칙들은 믿을 수 없게 됩니다. 그래서 기본상수는 변하지 않는다고 과학자들은 믿고 있습니다. 이 변하지 않는 기본상수를 바탕으로 단위가 바뀌는 것입니다.

그런데 이 기본상수들이 진짜 변하지 않는지 연구해온 과학자들이 있습니다. 그들은 우주에 있는 별을 관측하는 천체 물리학자들입니다. 더 크고 정교한 천체 망원경이 만들어지면서 더 오래 전의 별에서 오는 빛을 관측하여 기본상수들의 불변성을 연구해왔습니다. 그런데 망원경에 따라서 상반된 결과를 보이는 것이었습니다. 이 때문에 다른 방법으로 연구할 필요성이 대두되었습니다. 아주 정확한 원자시계를 개발하는 과학자들이 이 연구에 합류했습니다. 그들은 원자시계들을 장기간 서로 비교하면 기본상수의 불변성을 점검할 수 있다는 것을 알았습니다.

이 책은 정밀 측정과학을 연구하는 과학자들에게 조금이라도 도움이 되었으면 하는 바람에서 썼습니다. 그리고 기초물리와 기초공학을 공부하는 대학생들에게 단위가 무엇인지, 측정과학이 무엇인지 알려주고 싶은 바람도 있습니다. 이 책에서 제가 새롭게 발견하여 추가한 내용은 없습니다. 제가 한 일이란 여러 과학자들이 이미 연구하여 발표했던 내용들을 읽기 쉽게 정리한 것뿐입니다.

이 책을 쓰면서 여러 가지를 느꼈습니다. 그동안 이 책과 무관하지 않은 연구를 해왔었지만 아직도 모르는 것이 너무 많다는 것과 그 모르는 것을 알아가는 것이 정말 즐겁다는 것입니다. 때론 고비도 있었습니다. 책 쓰기를 중단하고 싶은 날들도 있었지만 그 고비가 지나고 나면 더 큰 행복과 보람을 느꼈습니다. 젊은 시절에 느꼈던 연구에 대한 열정을 다시 느낄 수 있었던 일여 년의 기간이었습니다.

원고를 자세히 읽고 검토해주신 정낙삼 박사님과 이인원 박사님께 감사를 드립니다. 두 분께서 꼼꼼하게 읽고 지적해주신 덕분에 많은 오류를 고쳤고, 또 내용이 더 알차졌습니다.

마지막으로 학술총서집필 프로그램을 통해서 이 책이 KRISS 학술총서 제1권으로 발간될 수 있게 지원해준 한국표준과학연구원에 감사드립니다.

2016년 여름
표준(연) 205동 연구실에서

Contents

Chapter 3

자연 단위계

Chapter 5

**기본상수의 불변성에
관한 연구**

Fundamental Constants and System of Units   Chapter **1**

기본 개념 이해하기

1 들어가면서

변화무쌍한 이 세상에서 변하지 않는 것이 과연 있을까?

이 질문은 동서고금을 막론하고 많은 사람들이 제기했었고, 그 답을 찾으려는 노력은 오늘날에도 진행되고 있다. 겉으로 보이는 현상은 변할지라도 그 뒤에 숨어있는 본질은 변하지 않는다고 고대의 철학자들은 믿었다. 철학자들의 이런 사유는 수학이라는 도구와 만나면서 물리학을 탄생시켰다. 16세기에 갈릴레오로부터 시작된 근대 물리학은 이제 500여년이 지났다. 그동안 자연의 변화와 천체의 운행에서 찾아낸 규칙성을 우리는 자연의 법칙 또는 물리학 법칙이라 부른다.

그러면 이 물리학 법칙들은 변하지 않을까?

물리학 법칙은 수학적 공식으로 표현되는데, 그 속에는 변하지 않는 것으로 믿고 있는 '상수(常數, constant)'가 들어 있다. 상수들 중에서 근원적으로 중요한 것을 '기본상수(fundamental constant)' 또는 '기본물리상수'라고 부른다.

이 상수들을 정량적으로, 즉 숫자로 나타내기 시작한 것은 과학의 긴 역사에도 불구하고 그리 오래되지 않았다. 맥스웰(J.C. Maxwell)은 1864년에 빛은 전자파이며 일정한 속력으로 공간에서 전파된다는 것을 이론적으로 증명했다.[1] 그리고 아인슈타인은 1905년에 발표한 특수 상대성 이론에서 진공에서의 빛의 속력이 어느 관성계에서나 일정하다는 것을 밝혔다. 그 이후 그 '일정한' 빛의 속력을 알아내기 위해 많은 '측정'이 이루어졌고, 1975년에서야 그 값을 국제도량형총회(CGPM)에서 공식적으로 결정하였다.

갈릴레오는 빛의 속력이 유한하다고 믿었고, 그 값을 측정하려고 시도했었다. 그렇지만 그 값이 일정하다(변하지 않는다)는 것이 맥스웰과 아인슈타인에 의해 이론적으로 정립되었기 때문에 훨씬 더 중요한 의미를 갖게 되었다. '진공에서의 빛의 속력'이라는 상수의 값을 결정하는데 아인슈타인

---

[1] 제임스 클럭 맥스웰(1831~1879)은 영국의 물리학자이며, 1864년에 발표한 "전자기장에 관한 역학 이론"에서 빛이 전자파라는 사실을 증명했다.

이후 70년이라는 세월이 소요됐다는 것은 그것을 정확하게 측정하는 것이 얼마나 어려운지, 또 그 측정값을 여러 다른 과학자들이 인정할 수 있을 만큼 '신뢰성'을 갖추는 것이 얼마나 어려운지 보여 주는 것이다.

기본상수의 값을 결정하기 위해서는 '측정'이라는 과정이 반드시 필요하다. 그런데 측정한다는 것은 어떤 '기준'에 대해서 그 비율을 구하는 것이다. 즉, 측정대상을 기준과 비교하여 몇 배인지 알아내는 것이 측정의 목적이다. 그러므로 어떤 기준을 채택하느냐에 따라 그 비율은 달라진다. 그리고 만약 그 기준이 시간이나 환경변화에 따라 변한다면 그 비율도 변하게 될 것이다. 그러므로 변하지 않는 기준을 마련하는 것은 측정에서 우선적으로 갖추어야 하는 요소이다. 이 기준을 다른 말로 하면 '단위'이다. 옛날에는 각 지역마다 또 각 나라마다 서로 다른 단위를 사용했었다. 그렇지만 오늘날에는 국제적인 협약에 의해 정의된 단위를 많은 나라들이 사용하고 있다. 길이의 단위로서 미터를 사용하자는 국제적인 '미터협약'이 1875년에 체결되었었다. 이것을 근간으로 발전되어온 단위들을 '국제단위계(International System of Units, 약어로 SI)'라고 부른다. 우리나라에서 공식적으로 사용하는 단위들도 모두 이 단위계에 속한다.

그렇다면 국제단위계의 단위들은 변하지 않을까?

결론부터 말하면 이 단위들도 변한다. 대표적인 예를 들면, 질량의 단위인 '국제 킬로그램원기(International Prototype of the Kilogram)'가 그렇다. 과학기술이 발전함에 따라 측정기술도 발전하고 그에 따라 이전에는 변하지 않는 것으로 알았고 그래서 단위로 정했던 양이 미세하게 변한다는 것을 알게 된 것이다. 그래서 변하지 않는 것 (변하지 않는다고 믿는 것), 즉 기본상수를 단위로 사용하려는 것이다.[2] 이를 위해 국제적으로 많은 노력이 있었고, 2018년에 이런 방식으로 국제단위계가 바뀔 예정이다.

국제단위계에서 길이의 기본단위는 미터(기호: m)이다. 국제단위계로 길이를 잰다는 것은 측정하고자 하는 대상을 미터자의 눈금과 비교한다는 것을 의미한다. 따라서 기준으로 사용하는 1 미터의 자를 일정하게 유지하고 재현

2　2011년에 개최된 제24차 국제도량형총회(CGPM)에서 결의한 내용임.

하는 것은 길이를 정확히 측정하는 데 중요하다. 만약 이 기준이 변한다면 이것으로 측정한 값을 믿을 수 없을 것이다. 그런데 1889년부터 1960년까지 1 미터는 백금과 이리듐의 합금으로 만든 자를 길이의 단위로 정의하여 사용하였다. 그러나 이 자는 온도에 따라 길이가 달라질뿐 아니라 세월이 흐름에 따라 변한다. 또한 원치 않는 재난에 의해서 파손되거나 파괴될 가능성도 있다. 이런 이유로 미터는 좀 더 보편적인 과학현상에 기반을 둔 정의로 바뀌어 왔다.

현재, 미터는 진공에서 빛이 일정 시간(정확히 1/299 792 458 초) 동안 진행한 거리로 정의되어 있다. 여기서 '진공에서의 빛의 속력'이라는 기본상수가 등장하는데, 이것은 앞으로 전개해 나갈 이야기에서 중요한 점이다. 즉, 기본상수를 이용하여 단위를 정의하려는 것이다.

좀 더 구체적으로 말하면, 국제단위계에는 7개의 기본단위가 있다. 이 단위 각각을 정의하던 기존 방식에서 기본단위들과 관련된 기본상수들의 값을 고정하고(불확도를 0으로 만들고), 그것들로부터 단위를 유도해내는 방식으로 바뀐다. 이렇게 함으로써 기본상수들을 기준으로 단위가 정해지기 때문에 더욱 신뢰성을 가진 국제단위계가 될 수 있다.

특히 질량의 단위인 '국제 킬로그램원기'는 미터자를 만든 것과 같은 금속으로 1 킬로그램 분동을 제작하여 현재도 사용하고 있다. 그런데 새 국제단위계에서는 기본상수인 플랑크 상수를 이용하여 킬로그램을 다시 정의할 것이다.

이 책의 제2장에서는 과학기술데이터위원회(CODATA: Committee on Data for Science and Technology)에서 취급하는 기본상수들 중에서 30여 개를 선택해서 자세히 알아볼 것이다. 이 기본상수들은 과학적으로 어떤 의미가 있는지, 현재의 값을 결정하기까지 역사적으로 어떤 과정을 거쳤는지 살펴볼 것이다. 그리고 CODATA가 전 세계적으로 기본상수와 관련된 실험 및 이론에서 얻은 값들을 모아서 기본상수의 권고값(recommended value)을 종합적으로 조정하고 결정하는 과정을 설명할 것이다.

제3장에서는 기본상수들만으로 만든 단위계인 자연단위계에 대해서 간략히 소개한다. 자연단위계는 주로 이론물리학자들이 이론 전개의 편리성을 위

해 만든 단위계이다. 기본상수를 이용한다는 점에서 새 국제단위계와 비교하는 차원에서 소개한다.

제4장에서 기존의 국제단위계는 어떤 것이고 어떻게 표현해야 하는지 그리고 새 국제단위계에서는 무엇이 어떻게 바뀌는지 소개한다. 특히 새 국제단위계가 채택되면 지금까지 불확도(uncertainty)를 가지던 기본상수들이 불확도가 0인 값을 가지게 된다는 것과 또 그 반대의 경우에 대해서도 알아본다.

마지막으로 제5장에서는 불변이라고 믿고 있는 기본상수들의 변화 가능성에 대한 연구를 소개한다. 역사적으로 우주천체와 성간물질을 망원경으로 분광 분석하여 기본상수의 변화 가능성을 조사해왔었다. 그런데 최근에는 아주 정밀한 여러 종류의 원자시계가 개발되면서 그 주파수를 비교 측정하여 기본상수의 불변성을 조사하는 연구가 진행되고 있는데, 그것에 대해서 자세히 소개한다.

2 양, 단위, 차원이란?

우리는 일상생활에서 여러 가지를 잰다. 키나 몸무게처럼 인체에 대한 것을 재기도 하고, 기온이나 강수량과 같이 환경에 관한 것을 재기도 한다. 이 재는 행위를 다른 말로 하면 '측정'이다. 측정의 대상이며, 숫자로 표시 가능한, 크기를 갖는 물체나 물질의 성질을 '양(量, quantity)'이라고 부른다. 측정이란 바로 양을 정하는 일, 즉 정량화하는 일을 말한다.

양의 종류에는 여러 가지가 있다. 그렇지만 국제적으로 7개의 기본량을 정하고, 다른 모든 양은 이것들의 조합으로 나타낼 수 있다. 국제적 양의 체계(International System of Quantities)에 속한 7개의 기본량은 길이, 질량, 시간, 전류, 열역학적 온도, 물질량, 광도이다. 이런 것과 관련된 일을 하는 국제기구는 국제표준화기구(International Standardization Organization, 약어로 ISO)이다.

측정한 양을 나타낼 때는 수치와 단위가 필요하다. 양을 정한다는 것은 양의 값을 알아내는 것인데, 기준인 단위와 비교하여 측정 대상이 몇 배인지를 알아내는 것이다.

$$양 = \{수치\} \times [단위]$$

"내 키는 180 센티미터"라고 할 때 수치 180과 함께 단위인 센티미터(기호: cm)를 표기해야 한다. 그런데 미국에서는 일상생활에서 길이를 나타낼 때 피트(ft)나 인치(inch)라는 단위를 주로 사용한다. 그 나라 사람들에게 내 신장을 이야기할 때 5 피트 11 인치라고 해야 그들은 내 실제 키를 쉽게 짐작한다. 여기서 1 inch는 2.54 cm이고 1 ft는 12 inch(=30.48 cm)이므로, 180 cm에 환산인자를 곱하여 단위를 바꾼다.

이처럼 단위가 달라지면 값이 달라지기 때문에 단위를 정확하게 써야 한다. 그리고 단위를 바꿀 때는 단위 사이의 환산을 정확히 해야 한다. 이것은 아주 간단한 일 같지만 이것을 잘못하는 바람에 1999년도에 큰 사고가 발생했었다.

미국의 NASA는 1998년 12월에 화성의 기후를 탐사할 목적으로 탐사선을 발사했다. 9개월 동안 항행하여 화성 부근에 도착한 탐사선은 화성의 궤도에 진입하기 위해 엔진을 점화시켰다. 예정된 16분의 연소 시간 중 5분이 지났을 때 탐사선은 화성의 뒤편으로 들어갔다. 그런데 탐사선으로부터 다시 신호를 받을 것으로 예상했던 시간이 지났으나 아무런 소식이 없었다. 탐사선에 사고가 일어났던 것이다. 그 후 재난조사위원회가 사고의 원인을 조사했는데, 그 원인은 바로 길이의 단위를 잘못 사용했기 때문이었다. 탐사선의 위치를 매일 모니터링 하는 록히드-마틴 회사에서는 길이 단위로 마일을 사용한 반면, 그 데이터를 받아서 탐사선을 조정하는 NASA는 킬로미터 단위를 사용했다. 즉, 록히드-마틴은 탐사선의 위치를 마일 단위로 알렸고, NASA는 그 값을 킬로미터 단위로 인식하여 탐사선을 조작했던 것이다. 결과적으로 탐사선의 위치를 잘못 아는 바람에 탐사선은 화성 표면에 충돌하고 말았던 것이다.

서로 다른 단위를 사용하면 이런 사고가 발생할 가능성이 높다. 그렇기 때문에 통일된 하나의 단위를 사용하는 것이 바람직하다. 그래서 만든 단위가 국제단위계이다. 그렇지만 많은 사람들이 오랫동안 관습적으로 사용해오던 단위를 바꾸는 것은 쉽지 않은 일이다. 최고의 과학기술을 보유한 미국이 아직도 국제단위계로 바꾸지 못하는 것도 그 때문이다. 단위를 바꾸면 그에 따라 바뀌어야 할 것들이 많다. 예를 들면, 고속도로에 설치된 자동차 제한속도 표지판과 남은 거리 표지판만 하더라도 수없이 많고, 이들을 바꾸는데 천문학적 예산이 필요하다. 이런 이유로 미국이 단위계를 바꾸는 것은 앞으로도 쉽지 않을 것 같다. 이에 비해 대한민국은 일찌감치 미터법을 채택하여 사용해 왔는데, 이것은 정말 다행스러운 일이다.

센티미터(cm), 미터(m), 피트(ft)와 마일(mi)은 모두 '길이'라는 양을 나타내는 단위이다. 양을 기호로 표기할 때는 이탤릭체를 사용한다. 예를 들면, 길이는 l(영문 알파벳 엘), 질량은 m, 시간은 t, 전류는 I(영문 알파벳 아이), 온도는 T 등이다. 이에 비해 단위는 직립 로만체를 사용한다. 알파벳 m의 경우 이탤릭체는 질량이라는 양을 나타내지만, 로만체는 미터라는 단위를 나타내므로 주의해서 사용해야 한다.

7개의 기본량에 해당하는 '차원(dimension)'을 정의해 두면 복잡한 양과 단위를 분석할 때 편리하다. 차원은 로마자 대문자로 표기하는데, 길이는 L, 질량은 M, 시간은 T 등이다. 속력은 거리(L)를 시간(T)으로 나누어 구하므로 속력의 차원은 LT^{-1}로 표시된다. 그리고 힘은 질량(M)에 가속도(LT^{-2})를 곱해서 구하므로 힘의 차원은 MLT^{-2}로 표시된다. 이것을 단위로 표현하면 $kg \cdot m \cdot s^{-2}$가 된다.

차원이 같은 양끼리만 서로 비교할 수 있다. 즉, 길이는 길이끼리 비교할 수 있고, 시간은 시간끼리 비교할 수 있다. 길이와 시간은 다른 차원이기 때문에 서로 비교할 수 없다. 예를 들면, "60 킬로미터는 50 시간보다 크다"라는 표현은 성립되지 않는다. 그러나 "10 피트는 3 미터보다 길다"라는 말은 성립되고 동시에 맞다. 만약 "10 피트는 3 미터보다 짧다"라고 했다면 표현은 성립되지만 내용은 틀린 것이다.

이처럼 양의 차원(quantity dimension)을 따지는 것을 '차원분석'이라고 한다. 물리학 법칙이나 이론을 수학적으로 표현할 때 해당 방정식의 등호(또는 부등호)의 왼쪽과 오른쪽은 서로 차원이 같아야 한다. 양쪽의 차원이 다르면 그 방정식이 잘못 전개되었다는 것을 의미한다. 그런데 이론물리학자들 중에는 이론 방정식을 전개할 때 같은 부호가 반복되는 것을 피하기 위해 자연단위계를 사용하기도 한다. 이 경우에는 등호 좌우의 차원이 다르게 나타나 보인다. 예를 들면, 아인슈타인의 질량-에너지 등가 방정식 $E = mc^2$을 플랑크 단위계로 표현하면 $E = m$이 된다. 그렇지만 이 식에서 $c = 1$로 둔 것을 고려하면 등호 좌우의 차원은 같다.

같은 차원이지만 다른 단위를 가지는 양을 비교하기 위해서는 단위 간의 환산 과정이 반드시 필요하다. 앞에서 말한 화성 탐사선의 사고는 단위 간 환산을 제대로 하지 않아서 발생한 것이다. 이것은 환전소에서 한화로 10만 원 지불할 금액을 단위 환산을 제대로 하지 않아서 미화로 10만 달러 지불한 것과 같은 종류의 사고이다.

이런 이유 때문에 이론물리학자들은 차원이 없는(무차원) 상수를 선호한다. 무차원 상수는 단위계가 바뀌더라도 항상 같은 값을 나타내기 때문이다. 예를 들면, 양성자의 질량(m_p)을 킬로그램 단위로 표시하는 것보다 전자의 질량(m_e)에 대한 비($m_p/m_e \simeq 1836$)로 나타내면 단위계와 무관하게 항상 이 값이 된다. 뿐만 아니라 숫자의 자릿수도 킬로그램으로 나타낸 값($m_p \simeq 1.672 \times 10^{-27}$ kg) 보다 훨씬 쉽게 기억할 수 있다. 이런 식의 표현은 전자나 양성자와 같은 아원자(sub-atomic)의 특성을 나타낼 때 많이 사용한다.

3 불확도와 상대불확도

사람의 키나 몸무게는 측정한 값이 1 mm나 1 g 정도 틀리더라도 큰 문제가 되지 않는다. 그렇지만 항공기나 우주선과 같이 수많은 부품으로 이루어진 기계에서는 부품의 크기나 성능이 요구 규격에서 조금만 벗어나도 전체 시스템이 고장날 확률은 높아진다. 그렇기 때문에 부품의 특정 양을 측정한 값이 어느 정도 믿을 만 한 지를 나타내는 것이 필요하다. 이를 위해 도입된 것이 '측정불확도'인데, 이것을 줄임말로 '불확도(uncertainty)'라고 한다. 불확도가 작다는 것은 정확도가 높다는 뜻이다.

이처럼 과학기술 분야에서 측정결과를 보고할 때는 추정값(estimate)[3]과 함께 불확도를 표기한다. 측정은 측정값의 신뢰도를 높이기 위해 여러 차례 반복해서 실시하는데, 추정값은 대개의 경우 여러 번 측정한 값들의 평균으로 나타낸다. 불확도란 반복 측정한 값들이 흩어져 있는 정도를 보여 주는 것으로, 일반적으로 통계학에서 분산의 제곱근인 표준편차(standard deviation)로 나타낸다.[4]

예를 들어, 기본상수의 하나인 중력상수 G의 값은 보통 다음과 같이 표시한다.

$$G = 6.674\ 08(31) \times 10^{-11}\ \text{m}^3\ \text{kg}^{-1}\ \text{s}^{-2}$$

여기서 $\text{m}^3\ \text{kg}^{-1}\ \text{s}^{-2}$는 중력상수의 단위를 나타낸다. 그리고 수치의 맨 뒤 괄호 속에 있는 (31)은 그 앞 두 자릿수 08 값의 불확도를 나타낸다. 다시 말하면 G 값은 6.674까지는 믿을 수 있는 숫자지만, 08 자리에서 불확실하다는 의미이다. 이것을 다음과 같이 쓰기도 한다.

$$G = (6.674\ 08 \pm 0.000\ 31) \times 10^{-11}\ \text{m}^3\ \text{kg}^{-1}\ \text{s}^{-2}$$

이것은 G의 참값이 다음 범위 내에 있을 것으로 추정된다는 것을 의미한다.

$$6.673\ 77 \times 10^{-11} \leq G \leq 6.674\ 39 \times 10^{-11}$$

여기서 부등호의 왼쪽과 오른쪽에 있는 숫자는 각각 추정값에서 불확도를 빼거나 더한, (6.674 08 − 0.000 31)과 (6.674 08 + 0.000 31)에서 나온 값이다.

그런데 G의 불확도 0.000 31 × 10^{-11}이 다른 기본상수들의 불확도와 비교할 때 얼마나 정확한(또는 불확실한)지 알기 어렵다. 그래서 '상대불확도(relative uncertainty)'를 같이 표시하기도 한다. 상대불확도란 불확도를 추정

---

3   추정값이란 측정량이 참값이라고 추정되는 값이란 의미이다.
4   불확도 평가에는 A형과 B형이 있으나, 여기서는 개념 이해를 위해 반복측정에 의한 A형만 언급했다.

값으로 나눈 것을 말한다. 여기서는 $0.000\ 31 \times 10^{-11} / 6.674\ 08 \times 10^{-11} = 4.7 \times 10^{-5}$이 G의 상대불확도이다. 상대불확도는 불확도의 유효숫자와 마찬가지로 두 자리로 표시한다. 그리고 불확도는 추정값과 같은 단위를 갖지만 상대불확도는 단위가 없다는 것에 유의해야 한다. 참고로 중력상수는 기본상수들 중에서 불확도가 큰(즉, 정확도가 낮은) 상수 중 하나이다. 이것은 중력상수를 정확하게 측정하는 것이 다른 기본상수들에 비해 어렵다는 뜻이고 동시에 G값의 신뢰도가 상대적으로 낮다는 뜻이다.

4 기본상수란?

'상수(常數, constant)'라는 말의 사전적 의미는 '변하지 않고 일정한 값을 가지는 수'이다. 그리고 '기본(基本, fundamental)'이란 말은 '사물이나 현상, 이론 등의 기초와 근본'이라는 의미이다. 그러므로 기본상수 또는 기본물리상수라는 말은 자연의 법칙이나 물리학의 법칙에서 근본이 되는 '불변의 숫자'라는 뜻을 가지고 있다.

그런데 물리학의 연구대상은 물질을 구성하는 가장 기본적인 입자(즉, 원자 및 원자를 구성하는 입자)에서부터 천체 및 우주의 기원과 종말에 이르기까지 그 범위가 광대하다. 다시 말하면 자연의 모든 것이 물리학의 대상이다. 그래서 기본상수를 좀 더 넓은 의미로 '자연의 상수'라고도 한다.

기본상수의 개념이 등장한 것은 그리 오래되지 않았다. 현대물리학의 시작을 양자역학의 근간이 되는 플랑크 상수의 발견[5]에 둔다면 120년도 채 되지 않았다. 만약 맥스웰 방정식에 의해 빛이 전자파라는 사실이 이론적으로 증명된 시점에 둔다고 해도 150년이 지났을 뿐이다. 이 기간 동안에 여러 중요한 발견들이 이루어졌고 현대물리학이 형성되었다. 이런 짧은 기간 동안에 오늘날과 같은 과학기술의 발전이 있었다는 것은 그동안 축적된 인간의 지식

---

5   플랑크 상수는 독일의 물리학자 막스 플랑크(1858~1947)가 1899년에 발견했다.

이 이 기간에 통합되면서 폭발적으로 확장된 것이라고 할 수 있다.

기본상수의 대표적인 예를 든다면 다음 세 가지를 꼽을 수 있다. 진공에서의 빛의 속력 c, 플랑크 상수 h 그리고 뉴턴의 중력상수 G이다. 이 기본상수들은 과학이 발전함에 따라 그 중요성과 지위가 점점 더 높아지고 있다. 빛의 속력 c는 1975년에 고정된 값($c = 299792458$ m/s)으로 정의되었다. 여기서 '값이 정의 되었다'라는 것은 그 값의 불확도가 0이라는 의미이다. 정의된 값을 가지는 상수는 c 외에도 여럿 있다. 그런데 2018년에 새 국제단위계가 채택되면 불확도 0으로 정의되는 상수들이 늘어날 것이다. 또한 기존에 불확도 0으로 정의되어 있던 상수들은 불확도를 가지게 되는 경우도 생긴다. 자세한 것은 제4장의 표 4.8에 정리되어 있다.

그렇다면 '지구에서 태양까지의 거리'나 '중력가속도'는 기본상수일까?

지구가 태양 주위로 돌 때 위치에 따라 그 거리가 변하기 때문에 지구–태양 사이의 거리는 일정하지 않다. 그런데 천문학에서는 지구가 태양 주위를 도는 타원 궤도의 장축의 절반을 '천문단위(기호: au)'로 정의하여 사용하고 있다. 천문단위는 천체 사이의 거리를 지구–태양 사이의 거리와 비교할 때 몇 배인지 나타내는 단위로, 1 au $\simeq 1.495 \times 10^{11}$ m이다. 이 천문단위는 국제천문연맹(IAU)에서 정의한 천문상수(astronomical constant)의 하나로 포함되어 있다.

한편 중력가속도(g)는 지구상에서 위치와 시간에 따라 그 값이 변한다. 그렇지만 과학기술 분야에서 그 값을 아는 것이 필요했기 때문에 지구상의 여러 위치에서의 중력가속도값이 '보조 상수(supplementary constant)'라는 이름으로 발표되었다.[6] 지금은 '표준중력상수'라는 이름으로, 채택된 값(adopted value)을 가지는 기본상수로 분류되어 있다. 이것 외에 채택된 기본상수 범주에 속하는 것으로는 '표준 대기압', '탄소–12의 상대 원자질량', '몰질량상수' 등이 있으며, 이 상수들은 모두 불확도가 0이다. 이처럼 필요에 의해 기본상수로 채택된 상수들은 모두 불확도가 0이다.

---

6 지구상의 여러 지역에서의 중력가속도값이 CODATA-1968에 보고되었다.

기본상수들의 값은 국제적으로 공인된 기관에서 수집하고 관리한다. CODATA는 대략 매 4년마다 기본상수들의 새 값을 발표한다. 가장 최근에는 2015년에 발표했는데, 2011년도부터 2014년 말까지 모은 데이터와 그 이전의 데이트들을 통계 처리하여 "2014 CODATA recommended values"라는 이름으로 발표했다.[7] 미국 NIST의 웹사이트에서 그 값을 알 수 있는데, 이 책의 부록에 포함되어 있다. 이 상수들은 크게 다섯 가지로 분류되어 있다. 즉, 보편상수, 전자기 상수, 원자 및 핵 관련 상수, 물리화학 상수, 그리고 채택된 상수이다.

대부분의 기본상수들은 실험에 의한 측정만으로 그 값이 결정된다. 그런데 아인슈타인을 포함한 많은 이론물리학자들은 '대통일 이론(Grand Unification Theory)'이나 '모든 것의 이론(Theory of Everything)'이 완성된다면 기본상수들의 값을 이론적으로 구할 수 있을 것으로 믿고 있다. 최근 이론물리학 분야에서 양자전기역학(QED)이 발전하면서 일부 기본상수에 대해 이론적으로 값을 구할 수 있게 되었다. 그렇게 구한 값은 관련된 실험값과 함께 해당 상수의 정확도를 높이는 데 기여한다. 그 대표적인 예가 전자의 g-인자인데,[8] 이것의 상대불확도는 모든 기본상수들 중에서 가장 작은 10^{-13} 수준이다. 그리고 이 상수와 연관된 상수인 보어 마그네톤에 대한 전자의 자기모멘트(μ_e/μ_B)의 상대불확도도 10^{-13} 수준이다. 이처럼 어떤 한 상수의 불확도가 이론이나 실험을 통해 개선되면 그 상수와 연관성이 있는 다른 상수들의 불확도도 따라서 개선된다. 이론물리학을 통해 이런 연관성을 찾을 수 있기 때문에 이론이 발전하면 이런 경향은 더욱 확대될 것이다.

그런데 이 기본상수들은 과연 변하지 않는 숫자일까?

기본상수에 관한 연구가 체계적으로 이루어진 지난 100여 년 동안의 자료만으로는 이 상수들의 값이 변하는지 여부를 알아내는 것은 거의 불가능하다. 그렇지만 천체를 관측하거나 우주를 연구하는 과학자들은 수십억 년 전에 만들어진 별과 성운을 오늘날 관측할 수 있다. 우주는 약 138억 년 전에

7　http://physics.nist.gov/cuu/Constants/index.html
8　전자의 g-인자는 무차원 상수로서, 전자의 자기모멘트와 스핀 각운동량 사이의 비례상수이다.

빅뱅에 의해 만들어졌고, 빅뱅은 한 개의 점에서 시작되었다고 가정한다. 오늘날 천체 망원경으로 관측 가능한 우주는 빅뱅 후 약 10억 년이 지나서 별이 생성되었을 때(현재부터 약 120억 년 전)까지 거슬러 올라간다. 그 당시 성운을 구성하는 물질에 대한 분광학적인 관측결과는 상수값이 오늘날과 다를 가능성이 있음을 시사하고 있다. 만약 이것이 사실이라면 현재의 상수값은 앞으로 언젠가 변할 것이고 그에 따라 현재의 물리학 법칙들이 미래에는 틀릴 가능성이 있다는 것이다.

기본상수의 불변성에 관한 연구가 관심을 끌게 된 것은 폴 디랙(Paul A. M. Dirac)[9]의 영향이 크다. 그는 1937년에 '거대 수 가설'을 주장하면서 기본상수들 중에서 중력상수의 변화 가능성을 제기했다. 그의 가설이 나오기 전인 1921년에 영국의 천문학자인 아서 에딩턴(Arthur S. Eddington)은 우주의 거대 수에 큰 관심을 가지고 있었으며, 우주에 있는 양성자의 총 수를 계산해서 발표했었다.

에딩턴은 아인슈타인이 일반상대성이론을 발표했을 때 그 이론을 확인하기 위한 실험 원정대를 이끈 책임자였다. 일반상대성이론에 의하면 멀리 있는 별에서 지구로 오는 빛이 태양 표면을 지날 때 태양의 중력으로 인해 휘어질 것으로 예측되었다. 개기 일식 때 태양 뒤쪽에 멀리 있는 별 사진을 찍고, 다시 태양이 다른 쪽으로 이동했을 때 사진을 찍어서 비교하면 별의 위치에서 작은 변화를 알아낼 수 있고, 이를 통해 별빛이 휘었는지 여부를 확인할 수 있다. 에딩턴의 원정대는 이 실험을 성공적으로 수행하여 아인슈타인의 예측결과를 확인했다. 이 실험을 계기로 아인슈타인은 그 시대에 가장 위대한 과학자로 대중에게 알려지게 되었다. 그런데 에딩턴은 아인슈타인과 마찬가지로 이론적으로 자연의 기본상수값들을 추론해내는 것이 가능하다고 믿었다.

에딩턴은 '우주에 있는 양성자의 총 수'를 가장 중요하다고 생각했다. 그것은 대략 10^{80}에 이르는 거대한 숫자이다. 또한 그는 전자와 양성자 사이에 작

---

9 폴 디랙(1902~1984)은 영국의 이론물리학자로서, 양자역학을 탄생시키는데 크게 기여하여 1933년에 슈뢰딩거와 함께 노벨물리학상을 공동 수상했다.

용하는 전자기력과 중력의 비를 계산했는데 그 값은 대략 10^{40}이었다.[10] 이 두 거대 수는 제곱의 관계를 가지고 있어서 서로 연관성이 있는 것처럼 보인다. 에딩턴은 그 관계를 이론적으로 설명하려고 노력했으나 그 당시의 우주론 과학자들을 설득하진 못했다.

그런데 디랙은 에딩턴과 비슷한 개념으로 거대 수 가설을 주장했다. 에딩턴과 디랙은 16년의 차이를 두고 거대 수에 관해 발표했는데, 그 사이에 아주 중요한 새로운 발견이 있었다. 1929년에 에드윈 허블(Edwin P. Hubble)이 우주가 팽창하고 있다는 '허블의 법칙'을 발표한 것이다.[11]

디랙은 전자의 반경에 대한 관찰 가능한 우주의 크기를 계산했는데, 그 값은 대략 10^{40}이 나왔다. 그리고 우주에 있는 양성자의 수를 계산했는데, 그 값은 에딩턴과 마찬가지로 대략 10^{80}이 나왔다. 그런데 디랙은 우주의 크기를 계산할 때 허블의 법칙을 따라 우주의 나이를 고려했다. 다시 말하면, 우주는 팽창하고 있기 때문에 우주의 크기를 시간의 함수로 표현했다. 디랙의 세 번째 거대 수는 에딩턴과 마찬가지로 양성자와 전자 사이의 중력에 대한 전자기력의 크기 비인 10^{40}이다. 그런데 이 수를 구하는 식에는 시간변수가 포함되어 있지 않았다. 디랙은 이 세 개의 거대 수들은 서로 연관성이 있다고 믿었다. 그래서 세 번째 거대 수를 나타내는 식에도 시간에 따라 변하는 요소가 포함되어 있다고 생각했고, 그것이 바로 중력상수(G)라고 주장했다.

CODATA-2010의 발표에 의하면 시간에 따른 기본상수의 변화에 대한 증거는 아직까지 확인된 것은 없다. 그렇지만 중력상수를 포함한 미세구조상수 등의 시간적 변화에 대한 연구는 지속되고 있다. 특히 여러 종류의 원자(예: 세슘, 수은 이온, 이트븀 이온 등)를 이용한 높은 정확도를 가진 원자시계(atomic clock)가 개발되면서 이 연구는 새로운 방법으로 접근할 수 있게 되었다. 이 원자시계들 사이의 주파수를 수년간 비교함으로써 각 원자시계들의 주파수에 근원적으로 영향을 미치는 기본상수들의 변화 가능성을 탐색하는 것이다. 특히 광주파수 영역의 전이주파수를 발생하는 원자들(수은 이온, 이

---

10 제2장의 NOTE 2-1에 전자기력과 중력의 비가 계산되어 있다.
11 에드윈 허블(1889~1953)은 미국의 천문학자로서 은하에서 오는 빛의 스펙트럼에서 적색편이를 관측함으로써 우주가 후퇴(팽창)하고 있다는 허블의 법칙을 발표했다.

트븀 이온 등)은 미세구조상수에만 의존성을 가지기 때문에 이론적으로 분석하기가 훨씬 용이하다.

　이 책에서는 CODATA의 발표에 근거해서 기본상수가 시간에 따라 변하지 않는다는 전제하에 내용을 기술한다. 그렇지만 제5장에서는 기본상수의 변화가능성에 관해 그동안 발표된 주요 논문 내용을 소개한다.

Fundamental Constants and System of Units

Fundamental Constants and System of Units

Chapter 2

기본상수

1 보편상수

보편상수(universal constants)란 기본상수 중에서 과학기술 분야 전반에 걸쳐 널리 사용되는 상수를 일컫는다. 그래서 다른 기본상수들에 비해 그 중요성이 더 높다고 할 수 있다. 기본상수에 공식적으로 등급이 매겨져 있는 것은 아니지만 학자들 중에는 활용도나 중요성에 따라 세 개 등급으로 나누기도 한다. 그리고 상수의 등급은 시대에 따라 달라지기도 한다. 새로운 측정법으로 상수의 정확도가 높아지거나 중요한 이론에서 그 상수가 등장하는 경우 해당 상수의 등급은 높아진다. 여기서 소개하는 보편상수들은 현 시대에서 최고 등급에 속한다. CODATA-2014에서 보편상수로 분류되어 있는 상수의 개수는 총 14개이다. 그중 5개는 플랑크 단위와 관련된 것으로 제3장에서 다룰 것이다. 이 절에서는 다음 6개 상수($c, G, h, \epsilon_0, \mu_0, Z_0$)에 대해서 설명한다.

1.1 진공에서의 빛의 속력 c

빛의 속력 앞에 '진공에서의'라는 조건이 달린 것은 물질 속에서 빛의 속력은 진공에서와 다르기 때문이다. 보통의 경우 물질 속에서 빛의 속력은 느려진다. 이 책에서 '빛의 속력'은 특별한 언급이 없는 한 모두 진공에서의 속력을 말한다.

빛의 속력은 처음에는 빛의 속성의 하나로 취급되었다. 그러나 빛이 전자기파라는 사실이 밝혀지면서 빛의 속력은 더 중요해지게 되었다. 그 후 빛의 속력은 특수상대성 이론에 도입되었고 물리학의 인과율과 연관되면서 보편상수가 되었다. 기본상수들 중에서 빛의 속력만큼 실험과 이론의 양면에서 화려한 발전의 역사를 가진 것도 없을 것이다.

빛의 속력이 유한하다는 생각을 가지고 처음으로 측정을 시도했던 사람은 갈릴레오(Galileo Galilei)였다.[1] 속력이란 단위 시간당 이동 거리이므로 그는

---

1 갈릴레오 갈릴레이(1564-1642)는 이탈리아의 과학자이며 근대 과학의 아버지로 불린다.

일정하게 떨어진 두 지점 사이에서 빛이 이동하는데 걸린 시간을 재려고 시도했었다.

갈릴레오는 빛의 속력 측정에는 실패했지만 후에 그것을 구하는데 도움이 되는 중요한 발견을 했다. 그는 1610년에 망원경을 이용하여 목성 주위를 돌고 있는 위성들을 발견했던 것이다. 이 발견은 그 당시 천동설을 믿고 있던 사람들에게 큰 충격을 주었다. 모든 별이 지구를 중심으로 돈다고 믿었던 당시에 다른 행성을 중심으로 도는 위성이 있다는 것은 지구가 우주의 중심이라는 믿음에 위반되기 때문이었다.

그 후 1676년에 덴마크의 천문학자 뢰머(Ole C. Rφmer)는 목성의 위성이 목성 뒤로 숨었다가 나타나는 현상을 관측함으로써 처음으로 의미있는 빛의 속력을 구했다.[2] 그가 구한 빛의 속력은 실제 값보다 20~30 % 작다.

그 후 약 170년이 지난 1849년에 프랑스의 물리학자인 피조(A. Fizeau)와 푸코(J. Foucault)[3]는 빛의 속력을 측정하는 혁신적인 방법을 고안했다. 피조는 거울과 회전하는 톱니바퀴를 이용하여 빛의 속력을 쟀다. 즉, 빛이 회전하는 톱니바퀴의 이빨 사이를 통과한 후 멀리(약 8 km) 떨어져 있는 거울에서 반사되어 되돌아와 다른 이빨 사이를 통과하도록 바퀴의 회전속도를 조절함으로써 걸린 시간을 알아냈다. 이렇게 구한 빛의 속력은 실제 값보다 약 5 % 크다.

푸코는 톱니바퀴 대신에 회전하는 거울을 이용했다. 즉, 빛이 회전하는 거울에서 반사된 후 고정되어 있는 거울까지 갔다가 온 시간동안에 회전한 각도를 측정함으로써 빛이 왕복하는데 걸린 시간을 알아냈다. 이 방법으로 1862년에 구한 빛의 속력은 실제 값보다 0.6 % 작은 298 000 km/s이었다.

앨버트 마이켈슨(Albert A. Michelson)은 빛의 속력 측정에 거의 한 평생을 보냈다. 이 업적으로 그는 1907년에 미국인으로서 최초의 노벨물리학상을 받았다. 마이켈슨은 1877년부터 푸코의 회전 거울 방법에서의 문제점을 개

---

2   올레 뢰머(1644~1710)는 덴마크의 천문학자인데, 그가 구한 빛의 속력은 1704년에 발행된 아이작 뉴턴의 글에 기록되어 있다.

3   아르망 이폴리트 루이 피조(1819~1896)와 장 베르나르 레옹 푸코(1819~1868)는 친구였으나 빛의 속력 측정에 있어서는 경쟁 관계였다. 푸코는 지구의 자전을 실험적으로 입증한 '푸코의 진자'로 유명하다.

선해가면서 빛의 속력을 지속적으로 측정하였다. 제일 큰 문제점은 회전거울에서 고정거울까지의 거리를 늘리는 데 한계가 있었고, 이로 인한 측정 오차가 크게 발생하는 것이었다. 이 점을 개선하여 1883년에 발표한 결과는 299 852±60 km/s이었다.

마이켈슨은 에드워드 몰리(Edward W. Morley)와 함께 1887년에 유명한 '마이켈슨–몰리 실험'을 수행하였다. 그 당시의 과학계는 빛의 파동성을 널리 믿고 있었다. 빛의 파동이 공간에서 전파해가기 위해서는, 마치 소리가 전파하는데 공기가 필요한 것처럼 매질이 필요하다고 생각했었다. 과학자들은 에테르라는 매질이 우주에서 어느 한 방향으로 흐르고 있는 것으로 가정했다. 만약 그렇다면 빛의 속력은 어떤 방향에서는 다른 방향보다 더 크거나 작게 나와야 한다. 그리고 지구의 공전궤도 상에서의 위치에 따라(즉, 계절에 따라) 달라져야 한다. 마이켈슨과 몰리는 마이켈슨 간섭계를 이용하여, 간섭계의 방향을 바꿔가면서 여러 차례 실험을 했으나 이 가정과 반대되는 결과가 나왔다. 다시 말하면 에테르는 존재하지 않는다는 결론이었다. 에테르가 없다는 것은 빛의 속력이 어느 방향에서나 일정하다는 것을 의미한다. 이 실험결과는 결과적으로 1905년에 발표된 아인슈타인의 특수상대성 이론을 검증하는 역할을 했다.

마이켈슨은 노벨상을 수상한 이후에도 빛의 속력을 더 정확하게 측정하기 위해 실험을 계속했다. 속력 측정의 정확도를 높이기 위해 고정거울까지의 거리를 길게 하고 또 정확하게 아는 것이 필요했다. 그는 미국의 윌슨 산 천문대에서 23 마일(36.8 km) 떨어진 지점까지의 거리를 정부기관의 도움을 받아서 정확히 측정했다. 그런데 두 지점은 각각 고도 1700 m와 2300 m 산 위에 위치해 있었다. 그리고 그 주변은 산림으로 덮여 있었던 탓에 공기의 이동, 안개 발생, 온도 및 습도의 불균일 등 여러 오차 발생 요인이 있었다. 여기서 측정하여 그가 1924년에 발표한 결과는 299 796±4 km/s이었다.

공기의 유동 문제를 해결하기 위해 마이켈슨과 그의 동료들은 1.6 km에 달하는 진공튜브를 이용했다. 그런데 마이켈슨은 이 실험 중 계획했던 일련의 실험을 다 끝내지 못하고 1931년에 79세로 사망했다. 그의 사후 1935년에 발표된 결과는 299 774±11 km/s이었다.

마이켈슨 이후에 빛의 속력 측정은 전혀 다른 방식으로 시도되었다. 영국의 물리학자인 루이스 에센(Louis Essen)[4] 등은 전자파(마이크로파)의 공진기를 이용하여 전자파의 주파수(f)와 파장(λ)을 동시에 측정하고, 그 둘의 곱($c = f\lambda$)으로부터 빛의 속력을 구했다. 1950년의 결과는 299 792.5±3 km/s 이었다.

레이저 간섭계를 이용하는 방법은 빛의 속력 측정에서 가장 획기적이고 정확한 값을 제공했다. 미국의 표준연구기관인 NBS의 이벤슨(K.M. Evenson) 등은 메탄 분자에 안정화된 3.39 μm의 파장을 발생시키는 레이저의 주파수와 파장을 정확하게 측정했다. 이것으로부터 1972년에 발표된 빛의 속력은 299 792 456.2±1.1 m/s이었다.[5]

그런데 그 무렵 길이의 단위인 미터는 1960년에 정한 크립톤-86 원자에서 발생하는 특정 파장으로 정의되어 있었다. 이벤슨 등이 구한 빛의 속력에서 불확도 ±1.1 m/s는 이 미터의 정의의 불확도 때문에 생긴 것이다. 다시 말하면 미터 단위를 구현하는 불확도가 빛의 속력값의 불확도보다 더 컸다. 이 문제 때문에 미터의 정의가 바뀌게 되었다.

1975년에 개최된 제15차 국제도량형총회(CGPM)에서는 진공에서의 빛의 속력은 299 792 458 m/s 라고 공식적으로 공고했다. 그리고 1983년에 개최된 제17차 CGPM에서 미터의 단위를 빛의 속력과 시간을 이용하여 다음과 같이 다시 정의했다.[6] "미터는 빛이 진공 중에서 1/299 792 458 초 동안에 진행한 경로의 길이이다."

1.2 뉴턴의 중력상수 G

중력상수 G는 보편상수의 하나로서 빛의 속력 c만큼 유명하다. 그렇지만 G가 진짜 상수인지(불변의 값인지) 의심하는 과학자들 때문에 한동안 그 지

---

4   루이스 에센(1908~1997)은 영국 국립물리연구소(NPL)에서 1955년에 최초의 세슘원자시계를 개발했다.

5   K.M. Evenson, *et.al.* "Speed of Light from Direct Frequency and Wavelength Measurements of the Methane-Stabilized Laser," Phy. Rev. Lett. **29**, 1346 (1972).

6   "Resolution 1 of the 17th CGPM", BIPM, 1983.

위가 흔들렸었다. 지금은 불변의 상수라는 사실을 CODATA에서 확인할 수 있다. 그런데 중력까지 포함하여 네 가지 힘을 통합하는 이른바 '모든 것의 이론'을 추구하는 이론물리학자들은 일부 기본상수들의 불변성에 대해, 특히 중력상수에 대해 의심의 눈초리를 여전히 갖고 있다.

자연에는 네 가지 힘이 존재한다고 알려져 있다. 그것은 중력, 전자기력, 강력, 약력이다. 강력과 약력은 원자핵 내부에서 작용하는 힘이다. 이에 비해 중력과 전자기력은 우리 주변에서 쉽게 관찰할 수 있다.

아이작 뉴턴(Isaac Newton)[7]이 떨어지는 사과를 보고 중력을 알아냈다는 일화는 유명하다. 사과가 떨어지는 것과 달이 지구 주위를 돌고, 지구가 태양 주위를 도는 것이 모두 같은 근원의 힘에 의해서 이루어진다는 것이다. 이것이 바로 질량을 가진 모든 물체는 서로 끌어당기는 힘이 있다는 '만유인력'의 법칙이다. 이것을 식으로 표현하면 다음과 같다.

$$F = G\frac{m_1 m_2}{r^2}$$

그런데 뉴턴이 1687년에 이 법칙을 발표했을 때는 중력상수 G는 포함되어 있지 않았다. 그는 단지 중력의 크기(F)는 두 물체의 질량의 곱($m_1 m_2$)에 비례하고, 두 물체 사이의 거리의 제곱(r^2)에 반비례한다는 것을 밝혔을 뿐이다. 그 때는 중력의 실제 크기보다는 태양과 행성들 간의 거리에 관심이 더 많았고, 이것들은 중력상수값을 몰라도 계산해 낼 수 있었기 때문이다.

위 식에서 중력상수 G는 등호 왼쪽의 힘(F)과 오른쪽 항, 차원으로 표시하면 $M^2 L^{-2}$을 연결하는 비례상수이다. 그리고 힘은 뉴턴의 운동방정식에서는 [질량×가속도]이고, 차원으로 나타내면 MLT^{-2}이다. 따라서 왼쪽과 오른쪽 항의 차원이 같아지려면 중력상수는 $L^3 M^{-1} T^{-2}$의 차원을 가진다. 이것을 SI 단위로 표현하면 $m^3 kg^{-1} s^{-2}$이다.

중력상수는 그 측정 정확도가 다른 상수들에 비해 훨씬 낮다. 구체적으로

---

7 아이작 뉴턴 경(1643~1727)이 1687년에 발행한 "자연철학의 수학적 원리"라는 책에 만유인력
   의 법칙과 운동법칙이 기술되어 있다.

말하면, 상대불확도가 10^{-5} 수준으로 다른 상수들에 비해 크다. G 값 측정의 오랜 역사와 과학자들의 많은 관심에도 불구하고 정확도가 낮은 것은 중력의 크기가 다른 힘에 비해 아주 작기 때문이다. 그래서 정확하게 측정하는 것이 어렵다.

만유인력의 법칙이 발표된 후 약 100년이 지난 1789년에 헨리 캐번디시 (Henry Cavendish)는 비틀림 저울을 이용하여 최초로 지구의 밀도를 구했다. 이 저울의 기본 구조는 납으로 만든, 질량이 약 0.75 킬로그램인 가벼운 공 두 개가 길이 1.8 미터의 나무 막대 끝에 붙어있고, 이 나무 막대의 가운데는 실에 매달려 있다. 한편, 질량이 약 158 킬로그램인 무거운 두 개의 납공은 별도의 지지대에 매달려 가벼운 납공 가까이에 놓여 있다. 무거운 납공을 가벼운 납공 가까이로 이동시키면 두 공 사이의 인력에 의해 가벼운 공은 회전하기 시작한다. 이 회전은 실의 비틀림 힘(토크)이 두 공 사이의 인력과 같아지는 위치에서 멈추게 된다. 이 회전 각도를 측정하고 실의 비틀림 힘을 알아내면 두 공 사이의 인력을 알 수 있다. 또한 이 실험결과로부터 지구의 밀도와 질량 그리고 중력상수를 구할 수 있다.

캐번디시는 그 당시에 지구의 평균 밀도는 구했지만 중력상수값을 직접 계

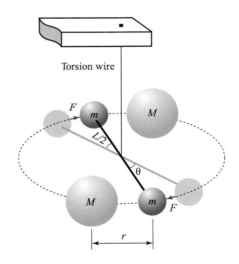

그림 2.1 캐번디시의 비틀림 저울 동작 원리 설명도

산하지는 않았다. 그러나 그가 남긴 상세한 기록 덕분에 그의 데이터로부터 G값을 계산하는 것이 가능했다. 중력상수의 개념이 완전히 확립되고, 오늘날과 같이 대문자 G로 표기하게 된 것은 캐번디시 실험 이후 100여년이 지난 1890년대였다. 캐번디시의 비틀림 저울은 그 당시에 아주 정교한 실험 장치였으며, 그의 방법은 현대에 와서도 G값 측정을 위한 기본적인 방법으로 활용되고 있다.

아인슈타인이 1915년에 일반상대성이론을 발표하면서 중력과 중력상수는 새로운 관심을 받게 되었다. 만유인력 법칙은 질량이 있는 물체들 사이에 중력이 작용한다는 것이다. 그러나 일반상대성이론은 질량이 없는 빛도 중력에 의해서 힘을 받는다는 것이다. 아인슈타인은 중력에 대해 새로운 해석을 한 것으로, 뉴턴의 이론에 비해 더 정확하고 적용되는 범위도 더 넓다고 할 수 있다.

수성의 운동을 관측한 결과 뉴턴의 법칙으로 설명할 수 없는 미세 운동이 발견되었다. 수성은 태양에 가장 가깝기 때문에 태양의 중력이 크게 작용한다. 그리고 중력이 클수록 일반상대성 효과는 크게 나타난다. 아인슈타인은 뉴턴 방정식으로 설명하지 못한 수성의 미세 움직임을 일반상대성이론으로 설명함으로써 그의 이론이 정확하다는 것을 증명해보였다.

수성의 경우를 제외한다면 태양계 행성들의 운동은 대부분 뉴턴의 법칙만으로도 정확히 예측할 수 있다. 해왕성의 발견은 뉴턴의 법칙의 유용성을 보여 주는 좋은 예다. 천왕성의 운동을 설명하기 위해 천왕성 가까이 있는 큰 행성인 목성과 토성의 중력을 고려하여 궤도를 계산했으나 관측된 궤도와 일치하지 않았다. 설명할 수 없는 천왕성의 불규칙한 운동은 천왕성 인근에 아직 발견되지 않은 다른 행성 때문일 것으로 추측되었는데, 1846년에 해왕성이 발견됨으로써 확인되었다. 천왕성의 궤도 계산에는 뉴턴의 만유인력 법칙에 라플라스(P.-S. Laplace)[8]의 섭동론이 적용되었다. 아인슈타인의 일반상대성이론을 굳이 사용하지 않아도 천왕성의 운동과 해왕성의 존재를 알아낼 수 있었던 것이다.

중력상수는 아인슈타인의 방정식에도 나타난다. 우주 시대에 탐사선을 태

8　피에르시몽 라플라스(1749~1827)는 프랑스 수학자로서 수리물리학 발전에 큰 공헌을 했다.

양계 밖 더 먼 곳으로 보내기 위해서는 중력을 정확히 알아야 하고 이를 위해 중력상수값을 정확하게 아는 것이 필요하다. 이보다 더 절박한 이유는 지구 부근으로 접근하는 소행성들의 궤도를 정확히 알아야만 혹시 있을지 모를 충돌을 대비할 수 있는데, 정확한 궤도 계산을 위해서는 정확한 중력상수값이 필요하다.

지금까지 중력상수의 측정은 거의 대부분 비틀림 저울을 사용했다. 그 외에 한 쌍의 단진자를 이용하는 방법[9]과 빔 밸런스를 이용하는 방법[10]도 있다. 그런데 최근에 이런 역학적인 장치가 아닌 전혀 새로운 방법으로 중력상수를 측정한 결과가 발표되었다. 바로 원자 간섭계를 이용하는 것이다.[11] 이것은 중력을 양자역학적인 방법으로 측정하는 것으로 지금까지 없었던 획기적인 방법이다. 이것을 간략히 설명하면 다음과 같다.

원자에 적절한 주파수의 레이저 광을 비추어 원자를 거의 절대 0도까지 냉각시키는 방법을 레이저 냉각이라고 한다. 스티븐 추(Steven Chu), 윌리엄 필립스(William D. Phillips), 클라우드 코헨-타누치(Claude Cohen-Tannoudji)는 이 방법을 발명함으로써 1997년에 노벨물리학상을 수상했다. 이렇게 냉각된 원자는 파동의 성질을 나타낸다. 좀 더 자세히 말하면 레이저 냉각되어 속도가 줄어든 원자는 드브로이(de Broglie) 파장(λ_D)을 갖는 물질파가 된다. 드브로이 파장은 $\lambda_D = h/p$로 구해지는데, 여기서 h는 플랑크 상수이고, p는 원자의 운동량으로서 원자의 [질량×속력]에 의해 결정된다.

냉각된 원자들에 레이저를 비추어 원자무리를 둘로 분리하거나 다시 하나로 모을 수 있다. 이것은 마치 레이저 간섭계에서 반사경과 빔 분할기의 역할을 하는 것이다. 원자 간섭계의 중요한 특징은 원자가 질량을 가지기 때문에 중력이나 원심력과 같은 힘의 영향을 받아서 간섭계 위상변화로 나타난다는 것이다. 그래서 중력가속도 g나 중력상수 G를 측정하는데 사용되고, 이 외에도 원자 자이로스코프나 원자 가속도계에 응용되고 있다.[12]

■ ■

9   H.V. Parks, *et al.*, Phy. Rev. Lett. **105**, 110801 (2010).
10   S. Schlamminger, *et al.* Phys. Rev. D **74**, 082001 (2006).
11   G. Lamporesi, *et al.* Phy. Rev. Lett. **100**, 050801 (2008).
12   김재완, "원자 간섭계와 정밀 측정", 물리학과 첨단기술, pp. 25 – 29, May 2010.

지난 30여 년간 논문에 발표된 G값은 어떤 특정 값으로 수렴되는 것이 아니라 흩어져 있다는 것을 알 수 있다. 각각의 측정값은 작은 불확도를 가지지만 그 전체 데이터가 흩어진 정도는 각각의 불확도보다 훨씬 크다.[13]

과학자들은 그 원인이 측정 시스템에서 기인하는 것으로 생각하고 시스템 개선에 많은 노력을 기울여 왔다. 그리고 앞에서 설명한 것처럼 비틀림 저울이 아닌 다른 방법으로 측정하기도 했다. 그렇게 해도 측정값은 수렴되지 않았다. 그런데 최근에 그 원인을 밝힐 수 있는 새로운 연구결과가 발표되었다.

지난 30여 년간 측정된 G값들을 측정 시기에 따라 연도순으로 배열했을 때 G값의 변화에 주기성이 있다는 것이 발견된 것이다. 측정된 10여 개의 데이터들은 약 5.9년의 주기를 가졌고, 이것은 하루의 길이가 변하는 주기와 일치한다는 것을 찾아낸 것이다.[14] 여기서 하루의 길이가 변한다는 것은 지구의 자전 속도가 변한다는 것을 의미하는데, 이로 인해 세슘원자시계에 의한 시간(국제원자시, TAI)에 대한 평균 태양에 의한 시간(세계시, UT1)의 차이가 변한다. 한편, 1962년부터 2012년까지 하루의 길이변화를 측정한 데이터에서 대기와 대양의 순환 때문에 생기는 1년 이하의 주기성을 제거하고 나면 약 5.9년의 주기성이 나타난다는 결과가 보고된 바 있다.[15]

중력상수값의 변화와 하루 길이의 변화가 같은 주기와 위상을 가진다는 것은 우리가 모르는 어떤 요인이 이 두 가지 요소에 동시에 작용한다는 것을 의미한다. 논문의 저자들은 이런 주기적 변화가 생기는 이유로 지구 내핵의 유체 운동이 원인일 것으로 추측하고 있다. 이 연구결과가 후속 연구에 의해 좀 더 확실해진다면 지금까지 측정된 G값들이 수렴하지 못한 이유를 설명할 수 있을 것이고, 그 요소를 보정하면 G값의 정확도가 획기적으로 높아질 것으로 기대된다.

■ ■

13 Stephan Schlamminger, Nature **510**, 478 – 480 (2014).

14 J.D. Anderson, *et al.* EPL **110**, 10002 (2015).

15 R. Holme and O. de Viron, Nature **499**, 202 – 205 (2013).

NOTE 2-1 전자기력과 중력의 크기 비교

수소 원자에서 전자와 양성자 사이에 작용하는 전자기력과 중력을 비교해 보자. 전자기력(F_{elec})은 쿨롱의 법칙을, 중력(F_{grav})은 뉴턴의 만유인력 법칙을 이용한다.

$$F_{\text{elec}} = \frac{1}{4\pi\epsilon_0}\frac{e^2}{r^2},\ F_{\text{grav}} = G\frac{m_{\text{e}}m_{\text{p}}}{r^2}$$

단, ϵ_0 : 전기상수($\simeq 8.854\times10^{-12}$ F m^{-1})

e : 기본전하($\simeq 1.602\times10^{-19}$ C)

G : 중력상수($\simeq 6.674\times10^{-11}$ m^3 kg^{-1} s^{-2})

m_{e} : 전자의 질량($\simeq 9.109\times10^{-31}$ kg)

m_{p} : 양성자의 질량($\simeq 1.672\times10^{-27}$ kg)

r : 양성자와 전자 사이의 거리인데, 여기서는 보어 반지름(a_0)을 사용함
($\simeq 0.529\times10^{-10}$ m)

$$F_{\text{elec}} = \frac{1}{4\pi\times8.854\times10^{-12}}\frac{1.602^2\times10^{-38}}{0.529^2\times10^{-20}} = 8.26\times10^{-8}\text{ N}$$

$$F_{\text{grav}} = 6.674\times10^{-11}\times\frac{9.109\times1.672\times10^{-58}}{0.529^2\times10^{-20}} = 3.64\times10^{-47}\text{ N}$$

$$F_{\text{elec}}/F_{\text{grav}} = \frac{8.26\times10^{-8}}{3.64\times10^{-47}} = 2.3\times10^{39}$$

$$F_{\text{grav}}/F_{\text{elec}} = 4.4\times10^{-40}$$

결론적으로 수소 원자 내에서 양성자와 전자 사이의 전자기력은 그 둘 사이의 중력에 비해 약 10^{39} 배 크다. 바꾸어 말하면 중력은 전자기력의 약 10^{-40} 배이다.

NOTE 2-2 원자 간섭계로 *G*값 측정

레이저 냉각된 원자들은 파동성이 커져서 마치 물질파와 같이 행동한다. 이처럼 원자의 파동성을 이용한 간섭계를 '원자 간섭계'라고 부른다. 원자 간섭계는 마흐-젠더(Mach-Zender) 레이저 간섭계와 같은 원리로 동작한다. 레이저 간섭계와 다른 점은 고진공 속에서만 작동가능하고, 또 원자의 상태 및 질량을 이용할 수 있으며, 훨씬 더 정밀한 측정이 가능하다는 것이다.

레이저 간섭계에서 빔 분할기와 반사경 역할을 하는 것이 원자 간섭계에서는 라만(Raman) 레이저이다. 단, 레이저 간섭계에서는 레이저빔이 빔분할기에서 두 개로 나뉜 후 다른 경로로 진행하다가 각각의 반사경에서 반사된 후 다시 또 다른 빔분할기에서 합쳐진다. 여기서 빔분할기와 반사경은 공간적으로 떨어져 있다. 그런데 원자 간섭계에서는 반대방향으로 진행하는 라만 레이저가 이 역할을 하는데, 시간적으로 다르게 세 번 원자에 가해져서 빔분할과 빔합침을 이룬다.

원자 간섭계로써 중력상수 *G*값을 측정하기 전에 먼저 중력가속도 *g*를 측정할 수 있어야 한다. 이를 위해 자유 낙하하는 원자구름(레이저 냉각된 원자의 무리)에 첫 번째 라만 레이저를 비추어 원자가 가질 수 있는 두 개의 에너지 상태(a, b)가 중첩되도록 한다. 즉, 약 절반의 원자는 a 상태에 있고, 나머지 절반은 b 상태에 있되 b 상태는 광자로부터 운동량을 받아 진행 방향이 조금 바뀌어 있다. 이에 따라 a, b 두 상태에 있는 원자들은 조금 다른 경로로 움직인다. *T* 라는 시간이 경과한 후에 두 번째 라만 레이저의 세기와 펄스폭을 조절하여 비추면 a, b 두 상태의 원자들은 모두 광자로부터 운동량을 받아서 모이는 방향으로 경로를 바꾸게 된다. 다시 *T* 시간이 흐른 후 세 번째 라만 레이저를 비추면 경로 차이에 따른 물질파의 위상 차이가 발생한다. 이 위상 차이는 중력가속도 *g*와 T^2에 비례한다. 이 위상 차이를 측정함으로써 *g* 값을 알아낼 수 있다.

한편, 중력상수 *G*를 측정하기 위해서는 임의의 무거운 질량(M)을 원자 간섭계의 위 또는 아래에 두었을 때(즉, 원자에 임의의 중력을 서로 반대 방향에서 가했을 때) *g* 값의 변화를 읽음으로써 알아낼 수 있다. 무거운 질량이 원자 간섭계 위 또는 아래에 Z 만큼 떨어진 곳에 두었을 때 각각의 중력가속도를 g_a와 g_b라고 한다면 중력상수는 다음 식으로 표현된다.

$$G = (g_a - g_b) Z^2 / (2M)$$

(계속)

　　그런데 중력가속도는 매 순간 변하는데, 질량 M을 간섭계의 위나 아래로 이동하는 동안에도 변한다. 그래서 Rosi 등은 두 개의 원자 간섭계를 이용하여 위와 아래에서 동시에 측정하는 방법을 사용했다.[16] 그는 레이저 냉각된 루비듐 원자를 이용하였고, 중력 발생을 위해 516 kg의 무거운 질량을 사용했다. 그가 이 방법으로 구한 중력상수 G값의 상대불확도는 약 1.5×10^{-4}으로, CODATA-2014에서 제시한 4.7×10^{-5}보다 약 3배 나쁘다. 그렇지만 지금까지 사용하던 기계적 방법이 아닌 양자 현상을 이용하여 측정했다는 데 큰 의의가 있다. 또한 앞으로 불확도가 개선될 여지가 충분히 있다.

1.3　플랑크 상수 h

　　현대물리학은 흔히 양자역학이 성립되면서 시작되었다고 한다. 양자역학은 막스 플랑크가 1899년에 플랑크 상수를 발견한 것을 계기로 시작되었다. 오늘날 물리학에서 플랑크 상수가 차지하는 중요성에 비추어볼 때 이것은 그 당시 다소 사소한 문제를 해결해가는 과정에서 찾게 되었다.

　　인류의 역사에서 철기시대는 기원전 12세기까지 거슬러 올라간다. 대장간에서 쇠를 녹여 철제 농기구나 무기를 만들 때 1535 ℃의 높은 온도가 필요하다. 그리고 고려시대에 상감청자를 구울 때 가마의 온도는, 낮을 때는 600 ℃에서 800 ℃, 높을 때는 1100 ℃에서 1200 ℃까지 필요하다. 그런데 그 옛날에 그들은 그 온도를 어떻게 알았을까?

　　그들은 불의 빛깔을 보고 경험적으로 그 온도를 알았다. 빛깔로써 온도를 알아내는 것은 현대 기술에도 그대로 적용되고 있다. 이른바 '광고온계(optical pyrometer)'가 그것이다. 광고온계는 뜨거운 물체와 접촉하지 않고 온도를 잴 수 있기 때문에 제철소나 제련소에서 쇳물의 온도 측정에 많이 사용된다. 최근에는 체온계로도 널리 사용되고 있다.

　　플랑크 상수는 물체의 온도와 색깔과의 관계를 밝히는 과정에서 태어났다.

16　G. Rosi, *et al.*, Nature **510**, 518 – 521 (2014).

물체가 뜨거워지면 열(빛)을 내는데 이것을 복사(radiation)라고 한다. 그런데 독일의 물리학자 키르히호프(G. Kirchhoff)는 1859년에 뜨거운 물체는 그것이 흙이든 나무든 쇠든 그 종류에 상관없이 같은 온도에서는 같은 색깔(파장)을 낸다는 것을 밝혔다. '흑체 복사'라는 용어도 그가 만들었는데, 흑체(black body)란 모든 복사선(빛)을 흡수하는 물체를 말한다. 빛을 모두 흡수하기 때문에 검은색으로 보여서 흑체라고 부른다. 흑체는 복사선을 방출하기도 하는데, 이것을 흑체복사라고 한다. 열적으로 평형상태의 흑체는 온도에 따라 복사의 파장(또는 주파수)별 세기 분포가 달라진다.

한편, 신대륙 미국의 토마스 에디슨(Thomas Edison)은 1880년대 초에 백열전구를 발명했다. 백열전구는 필라멘트가 뜨거워지면서 빛을 내는데, 열 복사를 최소화하면서 밝은 빛을 내도록 하는 문제가 대두되었다. 다시 말해 적외선은 줄이고 가시광선을 많이 내도록 하는 것이다. 이 문제를 해결하기 위해 1893년 독일에서 빌헬름 빈(Wilhelm Wien)은 흑체복사 연구를 통해 온도에 따른 주파수별 빛의 세기를 나타내는 공식을 실험적으로 구했다.[17] 그 공식은

$$I(\nu,\ T) = A\,\nu^3\,e^{-B\nu/T}$$

이고, A와 B 상수값을 실험으로 알아냈다.[18]

여기서 $I(\nu,\ T)$는 절대온도가 T인 흑체에서 나오는 빛의 세기이고, ν는 빛의 주파수이다. 그가 찾은 실험결과는 전구를 생산하는 산업체에서 유용하게 사용되었다. 그렇지만 그 공식이 나오게 된 이유를 이론적으로 설명하진 못했다.

영국의 레일리 남작(Lord Rayleigh)[19]과 제임스 진스 경(Sir James H. Jeans)[20]은 1905년에 흑체에서 나오는 빛의 파장별 세기를 이론적으로 구하여 '레일리–진스 법칙'을 발표했다. 이 법칙에 의하면 절대온도 T의 흑체에서 나오는 특정 파장(λ)을 갖는 빛의 단위 면적당, 단위 입체각당 빛의 세기

---

17 빌헬름 빈(1864~1928)은 열복사 연구로 1911년에 노벨물리학상을 수상했다.
18 제임스 D. 스타인/전대호 옮김, "우주는 수학이다"(서울: 까치글방, 2013), p.146.
19 본명이 존 윌리엄 스트럿(John William Strutt)인 레일리 남작(1842~1919)은 아르곤을 발견하여 1904년에 노벨물리학상을 수상했다.
20 제임스 진스 경(1877~1946)은 영국의 물리학자, 천문학자, 수학자이다.

(즉, 분광복사휘도)는 다음 식으로 표현된다.[21]

$$B_\lambda = 2ckT/\lambda^4$$

여기서 c는 진공에서의 빛의 속력이고 k는 볼츠만 상수이다. 그런데 이 공식에 의한 빛의 세기 곡선은 적외선 쪽에서는 실험결과와 잘 맞았지만 자외선 쪽에서는 전혀 맞지 않았다. 파장이 짧은 쪽(자외선 쪽)으로 갈수록 빛의 세기는 무한정으로 커지는 결과를 보였다. 이에 비해 실험결과는 특정 파장에서 최대치를 보인 후 자외선 쪽으로 가면서 급격히 줄어들었다. 이처럼 자외선 쪽에서 큰 차이가 나는 현상을 그 당시에 '자외선 파탄(ultraviolet catastrophe)'이라고 불렀다.

그 무렵 막스 플랑크(Max Planck)도 흑체 복사에서 자외선 파탄 문제를 해결하는 공식을 구하려고 노력하고 있었다. 그의 이론은 에너지가 연속적이 아니라 어떤 작은 기본 에너지의 정수배로 증가한다고 가정했다. 즉, 주파수가 ν인 복사선의 에너지는 $h\nu\left(\equiv \dfrac{hc}{\lambda}\right)$이고, 흑체의 에너지는 이것의 정수배로 증가한다는 것이다. 여기서 h는 플랑크 상수이다. 1900년에 플랑크가 구한 흑체복사 공식은 다음과 같다.

$$B_\lambda(T) = \frac{2hc^2}{\lambda^5}\, \frac{1}{\exp\left(\dfrac{hc}{\lambda kT}\right)-1} \quad \text{(플랑크의 흑체복사 공식)}$$

이 식은 실험결과와 잘 일치했으며, 온도가 아주 높거나 파장이 아주 긴 경우에는 레일리 – 진스 법칙으로 근사화되었다. 이 공식의 발견으로 새로운 학문인 양자역학이 시작되었다. 플랑크는 실험결과에 맞는 이론을 도입하기 위해 $E = h\nu$라는 가정을 했지만 그는 그것의 중요성을 곧 깨달았다. 일설에 의하면 "나는 오늘 뉴턴의 발견만큼이나 중요한 발견을 했다"라고 말했다고 한다. 그 당시에 그가 계산한 h값은 $6.55\times10^{-34}\,\text{J}\cdot\text{s}$인데, 이것은 실제 값 $6.626\cdots\times10^{-34}$ 보다 $1.15\,\%$ 작은 값이다. 그리고 그는 위의 식을 계산하기

21 https://en.wikipedia.org/wiki/Rayleigy-Jeans_law

위해 처음으로 볼츠만 상수 k를 도입하고 그 값을 계산했다고 알려져 있다. 그가 얻은 k값은 실제 값보다 약 2.5 % 작다.

플랑크가 활동하던 시절에는 맥스웰의 전자기학이 대세를 이루고 있었고, 그것에 의하면 전자기파(복사)는 연속적인 에너지가 전달되는 것으로 이해하고 있었다. 그렇기 때문에 불연속적인 에너지(즉, 양자 에너지)를 가정하는 것은 전혀 엉뚱한 발상이었다. 그래서 플랑크의 에너지 양자 가설[22]이 발표된 후에도 자외선 파탄을 열역학 및 전자기학 등 고전물리학으로 풀어내려는 시도가 오랫동안 있었다. 결국 에너지 양자는 받아들여졌고 이에 따라 다음과 같은 새로운 발견들이 잇따랐다.

그 당시에 빛을 금속에 쏘여주면 금속 표면에서 전자가 튀어나오는, 이른바 '광전효과'가 알려져 있었다. 빛의 파동성이 널리 알려져 있던 시기였기에 과학자들은 맥스웰의 전자기학으로 그 현상을 설명하려 했으나 모두 실패했다. 아인슈타인(Albert Einstein)은 1905년에 광양자설로 이것을 설명했다.[23] 즉, 빛의 알갱이(광자)는 $h\nu$라는 에너지를 가지는데 이 값이 금속의 전자를 때어내는데 필요한 에너지보다 크면 빛을 비출 때 전자가 튀어나온다는 것이다. 주파수가 낮은(에너지가 작은) 빛은 아무리 센 빛을 비추어도 광전효과는 발생하지 않는다. 플랑크 상수가 광양자설에서 다시 등장하였고 광전효과를 설명하는 데 사용된 것이다.

플랑크의 에너지 양자 가설은 닐스 보어(Niels Bohr)가 현대적인 원자모델을 만드는데도 기여했다. 즉, 원자는 연속적인 에너지 상태를 가지는 것이 아니라 $h\nu$라는 에너지만큼 차이가 나는 상태들로 구성된다는 것이다. 다시 말하면 전자는 어떤 특정한 에너지를 가지는(양자화된) 궤도에서만 존재한다는 것이다. 그는 그의 원자 모델로써 그 당시에 알려져 있던 수소 원자의 불연속 스펙트럼을 설명할 수 있었다.[24]

■■■

22 막스 플랑크(1858~1947)는 에너지 양자를 발견한 공로로 1918년에 노벨물리학상을 수상했다.
23 알베르트 아인슈타인(1879~1955)은 광전효과에 대한 설명으로 1921년에 노벨물리학상을 수상했다.
24 닐스 보어(1885~1962)는 원자 구조의 이해와 양자역학의 성립에 기여한 공로로 1922년에 노벨물리학상을 수상했다.

표 2.1 파장 및 주파수에 따른 광자의 에너지 비교

파장 λ	주파수 $\nu = c/\lambda$	광자 한 개의 에너지 $h\nu$ [J]	광자 한 개의 에너지 $h\nu$ [eV]
355 nm(자외선)	8.45×10^{14} Hz	5.60×10^{-19} J	3.50 eV
555 nm(녹색)	5.40×10^{14} Hz	3.58×10^{-19} J	2.23 eV
633 nm(빨간색)	4.74×10^{14} Hz	3.14×10^{-19} J	1.96 eV

광자의 에너지를 빛의 파장에 따라 계산한 것이 표 2.1에 나와 있다. 참고로 355 nm는 자외선(UV) 영역에서 산업용 레이저로 많이 사용되고, 555 nm는 사람 눈에 가장 예민한 파장이며, 633 nm는 헬륨-네온 레이저 파장이다.

플랑크 상수의 단위는 J·s 또는 eV·s 이다. J·s 단위로는 10^{-34} 수준이고, eV·s 단위에서는 10^{-15} 수준이다. 두 단위로 측정한 값의 상대불확도가 서로 다른데, eV·s로 측정한 값이 상대불확도가 더 작다. 즉, 어떤 단위를 사용하느냐에 따라서 측정 불확도가 달라진다는 것이다. 참고로 eV는 국제단위계의 단위는 아니지만 사용이 허용된 단위이다.

오늘날 h값을 결정하는 방법은 여러 가지가 있다.[25] 그중에서 가장 정확한 것은 와트 저울(watt balance) 방법과 XRCD(X-ray Crystal Density) 방법이다. 와트 저울은 플랑크 상수가 조셉슨 상수 $K_J (= 2e/h)$ 및 폰클리칭 상수 R_K $(= h/e^2)$와 $h = 4/(K_J^2 R_K)$의 관계를 가진다는 것을 이용하여 h값을 구하는 장치이다. 와트 저울은 기존 SI에서는 불확도가 0인 킬로그램 단위로부터 h를 구하는 장치이지만, 새 SI에서는 h의 불확도가 0이 되고, 킬로그램 단위를 구현하는 장치가 된다. 이 장치에 대해서는 제4장 6절의 '새 SI 기본단위의 구현'에서 자세히 설명한다. 그리고 조셉슨 상수와 폰클리칭 상수에 대해서는 제2장 2절의 '전자기 상수'에서 자세히 설명한다.

한편 XRCD 방법은 사실 아보가드로 상수 N_A를 결정하는 일차 방법(primary method)이다. 이 방법에 의해 N_A가 결정되면 $h = c\alpha^2 A_r(e)M_u$ $/(2R_\infty N_A)$ 관계식을 이용하여 h를 구한다. 자세한 내용은 제2장 4절의 '물

25 P.J. Mohr, *et al.*, Rev. Mod. Phys. **80**(2), pp.672-683, 2008.

리화학 상수'에서 설명한다.

2014년에 캐나다 NRC에서 와트 저울로 구한 h값의 상대불확도는 1.8×10^{-8} 이다. 2015년에 미국 NIST에서 NIST-3 와트 저울로 구한 값의 상대불확도는 5.7×10^{-8}으로 다소 크다. 한편, 2015년에 국제 아보가드로 프로젝트 팀(IAC)에서 XRCD 방법으로 구한 h값의 상대불확도는 1.8×10^{-8}이다. NIST의 측정결과가 킬로그램 재정의에 필요한 5×10^{-8}을 충족하지 못하였기에, NIST는 NIST-4 와트 저울을 새로 제작하여 측정을 수행하고 있다.

플랑크 상수는 오늘날 많은 기본상수에 한 요소로 들어간다. 이것은 그만큼 플랑크 상수가 현대물리학에서 차지하는 비중이 크다는 것을 보여 주는 것이다. 이 책에서 다루는 30여 개의 기본상수 중에서 플랑크 상수나 축약 플랑크 상수(또는 '디랙 상수'라고 부름)인 $\hbar = h/2\pi$를 포함하는 기본상수들이 NOTE 2-3에 정리되어 있다.

NOTE 2-3 플랑크 상수를 포함하는 기본상수들

이 책에서 설명하는 기본상수들 중에서 플랑크 상수를 포함하는 상수들은 다음과 같다.

- 미세구조 상수 $\alpha = e^2/4\pi\epsilon_0\hbar c$
- 뤼드베리 상수 $R_\infty = \alpha^2 m_e c/2h$
- 보어 반지름 $a_0 = 4\pi\epsilon_0\hbar^2/m_e e^2$
- 조셉슨 상수 $K_\mathrm{J} = 2e/h$
- 폰 클리칭 상수 $R_\mathrm{K} = h/e^2$
- 보어 마그네톤 $\mu_\mathrm{B} = e\hbar/2m_e$
- 핵 마그네톤 $\mu_\mathrm{N} = e\hbar/2m_p$
- 전자의 자기회전 비 $\gamma_e = 2\mu_e/\hbar$
- 양성자의 자기회전 비 $\gamma_p = 2\mu_p/\hbar$
- 플랑크 질량 $m_\mathrm{P} = (\hbar c/G)^{1/2}$

(계속)

- 플랑크 온도 $T_P = (\hbar c^5/G)^{1/2}/k$
- 플랑크 길이 $l_P = \hbar/m_P c = (\hbar G/c^3)^{1/2}$
- 플랑크 시간 $t_P = l_P/c = (\hbar G/c^5)^{1/2}$

단, m_e, m_p는 각각 전자와 양성자의 질량

μ_e, μ_p는 각각 전자와 양성자의 자기모멘트

e, ϵ_0, c는 각각 기본전하, 전기상수, 빛의 속력임

막스 플랑크는 플랑크 상수(h)와 진공에서의 빛의 속력(c), 중력 상수(G), 볼츠만 상수 (k), 쿨롱 상수($1/4\pi\epsilon_0$)를 이용하여 '플랑크 단위계'라는 것을 제안했다. 플랑크 단위계는 기본상수들로만 만들어진 자연단위계의 하나이다. 이론물리학에서 널리 사용되고 있기 때문에 그것으로부터 만든 단위인 플랑크 질량, 플랑크 온도, 플랑크 길이, 플랑크 시간의 값과 불확도를 CODATA에서 알려주고 있다.

1.4 전기상수 ϵ_0

전기상수는 여러 가지 다른 이름이 있다. '진공 유전율', '진공에서의 유전율', '자유공간의 유전율' 등이다. 그런데 진공 유전율 등의 이름은 마치 진공의 특성을 나타내는 것처럼 보인다. 여기서의 '진공'은 전기장에 영향을 미치는 매질이 공간에 전혀 없다는 뜻으로 사용된 것이다. 이런 오해의 소지를 없애기 위해 국제도량형국(BIPM)이나 CODATA 등에서는 진공 유전율 대신에 전기상수라는 용어를 주로 사용하고 있다.[26]

전하가 놓여있는 공간에 어떤 매질이 있으면 그 매질은 전하에 의해 분극 현상이 생기고 이로 인해 공간의 전기장이 달라진다. 이때 전기장에 영향을 미치는, 그 매질이 가지는 특성을 유전율(permittivity)이라 부르고, 기호로는 ϵ(그리스 문자, 엡실론)으로 표기한다.

26 BIPM, "The International System of Units(SI)," 2006.

유전율이 큰 매질일수록 더 많은 전하를 저장할 수 있다. 그래서 전기를 저장하는 축전기를 만들 때 유전율이 높은 매질을 사용하면 축전기의 전기 용량이 커진다. 유전율 값이 일반적으로 아주 작기 때문에 전기공학이나 관련 산업체에서는 유전율 대신에 진공 유전율(즉, 전기상수)에 대한 매질의 유전율인 '상대 유전율($\epsilon_r = \epsilon/\epsilon_0$)'을 많이 사용한다. 이것을 흔히 유전상수 (dielectric constant)라고 부른다. 진공의 유전상수는 정의에 의해 1이고, 대기는 1.000335, 절연 유리나 세라믹은 5~10이다.

전기상수 ϵ_0는 측정에 의해 결정되는 상수가 아니다. 이것은 전자기학의 형성 과정에서 여러 법칙(맥스웰 법칙, 쿨롱 법칙, 비오-사바르 법칙 등)을 기술하기 위해 단위계를 선택하는 과정에서 도입된 상수이다. ϵ_0는 다음에 나올 μ_0와 함께 정의된 값을 가지지만 딱 떨어지지 않는 무리수이다. 그렇지만 그 값이 정의되었기 때문에 불확도는 0이다.[27]

뉴턴의 만유인력의 법칙이 질량을 가진 두 물체 사이에 작용하는 힘에 관한 것이라면 전하를 가진 두 물체 사이에 작용하는 힘은 쿨롱 법칙[28]으로 기술된다. 만유인력의 법칙에서는 끌어당기는 힘(인력)만 작용하지만 쿨롱 법칙에서는 두 전하가 반대 극성을 가질 때는 인력이, 같을 경우에는 미는 힘 (척력)이 작용하는 것이 다르다. 두 전하를 각각 q_1, q_2라 하고, 이것들이 r만큼 떨어져 있을 때 두 전하 사이에 작용하는 힘은 다음 식으로 표현된다.

$$F = k_e \frac{q_1 q_2}{r^2} \text{ (쿨롱 법칙 공식)}$$

이 식은 만유인력의 법칙과 마찬가지로 거리의 제곱에 반비례한다. 여기서 k_e는 만유인력의 법칙의 G와 같이 등호 좌변과 우변의 차원 및 값을 맞추기 위한 비례상수이다. k_e를 무엇으로 선택하느냐에 따라 전하에 대한 정의 및 단위계가 달라진다(참조: NOTE 2-4).

국제단위계(SI)에서는 $k_e = 1/4\pi\epsilon_0$를 사용하는데, 이것을 쿨롱 상수라고 부

---

27 2018년에 채택될 새 국제단위계(SI)에서는 ϵ_0와 μ_0는 불확도를 가지는 상수로 변한다.
28 쿨롱 법칙은 프랑스 물리학자인 샤를 드 쿨롱(1736-1806)이 1784년에 발표했다.

른다. 여기에 전기상수 ϵ_0가 포함되어 있다. 그리고 SI에서는 전하량의 단위로서 쿨롬[29](기호: C)을 특별히 정해서 사용한다. 1 쿨롬은 1 암페어(A)의 전류가 1 초(s) 동안 흐른 전하량과 같다. 즉, 1 C = 1 A · s이다. 따라서 위 식에서 $k_e = 1/4\pi\epsilon_0$를 대입하고 ϵ_0에 대해 정리하면 $\epsilon_0 = (4\pi F)^{-1} q_1 q_2 r^{-2}$이다. 이것을 ϵ_0의 단위에 대해 표현하면 $[\epsilon_0] = N^{-1} C^2 m^{-2} = m^{-3} kg^{-1} s^4 A^2$이다. 여기서 전기용량 단위로서 특별한 명칭과 기호를 가지는 유도단위[30]인 패럿 (F)[31]을 사용해 보자. 패럿은 SI 기본단위로 $m^{-2} kg^{-1} s^4 A^2$이므로, $[\epsilon_0] =$ F m^{-1}로 간략화된다.

제임스 맥스웰[32]은 전기와 자기를 통합하여 설명할 수 있는 전자기장 이론을 확립했다. 그는 빛의 속력은 전자기파의 전파 속력과 같으므로 빛도 전자기파라고 주장했다. 그가 구한 빛의 속력과 전기 및 자기상수와의 관계식은 $c^2 = 1/\epsilon_0\mu_0$이다. 이 식으로부터 ϵ_0와 μ_0가 정의되는데, 기본상수에서는 μ_0가 먼저 정의되고 ϵ_0는 $\epsilon_0 = 1/c^2\mu_0$의 관계식으로 계산된다. 이렇게 구한 값은 $\epsilon_0 \simeq 8.854\cdots \times 10^{-12}$ F m^{-1}이다.

1.5 자기상수 μ_0

자기상수의 다른 이름으로 '진공 투자율'이 많이 사용되고 있다. 이 용어도 전기상수와 마찬가지로 진공의 특성을 나타내는 것이 아니다. 그리고 측정하여 알아낼 수 있는 물리량이 아니다.

그런데 '투자율(permeability)'이라는 것은 매질의 자기적 특성을 나타내는 용어로서, 자기장이 그 매질 속을 얼마나 잘 투과(통과)하는지를 나타낸다.

---

29 사람 이름 Coulomb은 불어 식으로 '쿨롱'으로 표기했다. 그런데 전하의 단위 Coulomb은 영어 식 발음 '쿨롬'으로 표기한다. 참조: 한국표준과학연구원 "측정학 – 요람(제3판, 2008)", p.61.
30 참조: 이 책의 표 4.2에 특별한 명칭과 기호를 가진 SI 유도단위 22개가 나와 있음.
31 전기용량 단위인 '패럿'은 직립 로마자 F로 표기하고, 힘은 이탤릭체 F로 표기한다(참조: 이 책의 제4장 2절의 '양과 단위').
32 제임스 맥스웰(1831~1879)이 패러데이 유도 법칙, 쿨롱 법칙 등을 수학적으로 정리하여 만든 것이 맥스웰 방정식이다. 그의 전자기학은 볼츠만의 통계역학과 함께 19세기 물리학의 위대한 성과로 평가받는다.

다른 말로 하면, 가해진 자기장에 대해서 매질이 자화되는 정도를 나타내는 용어이다. 투자율은 μ(그리스 문자, 뮤)로 나타내는데, 진공 투자율(μ_0)에 대한 투자율의 비인 상대 투자율 $\mu_r (= \mu/\mu_0)$이 흔히 사용된다. 진공의 상대 투자율은 정의에 의해 1이고, 알루미늄은 진공보다 조금 큰 1.000 022이다. 상대 투자율이 큰 물질로는 뮤 메탈($u_r = 20\ 000 \sim 50\ 000$), 순철($u_r \simeq 200\ 000$) 등이 있다. 투자율이 큰 물질로써 원통과 같이 닫힌 공간을 만들면 주변에 있는 자기장이 그 물질을 잘 통과하므로 자기장을 원통 면에 가둘 수 있다. 그러면 통 내부 공간의 자기장이 줄어들게 되므로, 외부로부터 자기장을 차폐시킬 때 사용한다.

자기상수 μ_0는 전류의 SI 단위인 암페어(기호: A)를 정의하는 과정에서 도입되었다. 그림 2.2에서 보는 것처럼 무한히 길고 무시할 수 있을 만큼 작은 단면적을 가진 두 개의 평행한 직선 도체가 진공 중에 r 미터 간격으로 떨어져 있다. 이때 두 도선에 각각 I_1, I_2의 전류가 흐를 때 도선 주위에는 전류에 의해 자장이 만들어지고 그 자장에 의해 도선은 서로 끌어당기는 힘(F)을 받게 된다. 이 힘을 구하는 공식이 '앙페러의 힘의 법칙'이다.[33] 도선의 길이(L) 당 받는 힘은 다음 식으로 표현된다.

$$\frac{F}{L} = 2 \times \frac{\mu_0}{4\pi} \frac{I_1 \cdot I_2}{r} \quad \text{(앙페러의 힘의 법칙 공식)}$$

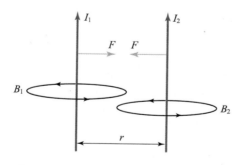

그림 2.2 앙페러의 힘의 법칙 설명도

33　'앙페러'는 프랑스 물리학자인 A.-M. Ampere(1775~1836)의 이름으로, 프랑스 말에 가깝게 표기했고, 전류의 단위 '암페어'는 영어식으로 표기했다.

이 식에서 비례 상수로 도입된 것이 $\mu_0/4\pi$이다.

여기서 r이 1 미터(m)이고, $I_1 = I_2 = 1$ 암페어(A)일 때 F/L은 2×10^{-7} 뉴턴 매 미터(N/m)로 정의된다. 위 식을 μ_0에 대해 정리하고 수치를 대입하면 다음과 같다.

$$\mu_0 = 4\pi \times 10^{-7}\ \text{N/A}^2$$

이 자기상수 μ_0는 불확도가 0인 값을 갖는다.

NOTE 2-4 가우스 단위계와 유리 단위계

쿨롱 법칙 공식에서 $k_e = 1$로 했을 때의 단위계가 가우스 단위계이다. 가우스 단위계에서는 CGS(센티미터 - 그램 - 초) 단위를 사용하는데, 힘의 단위는 다인(dyne)이고 전하의 단위는 스탯 쿨롬(stattcoulomb) 또는 esu이다. 그러므로 쿨롱 법칙을 가우스 단위계로 설명하면 "1 스탯쿨롬의 전하 두 개가 1 센티미터 떨어져 있을 때 그 사이에는 1 다인의 힘이 작용한다"이다. 이것을 전하에 대해서 표현하면 1 스탯쿨롬은 1 다인$^{1/2}$×센티미터이다. 즉, 스탯쿨롬은 [힘$^{1/2}$×길이]의 차원을 가진다. 여기서 힘의 차원을 질량, 길이, 시간으로 표시하면 MLT^{-2}이므로, 스탯쿨롬의 차원은 $(ML^3 T^{-2})^{1/2}$이다. 다시 말하면, 가우스 단위계에서 전하의 단위인 스탯쿨롬은 질량, 길이, 시간으로 나타낼 수 있는 양이다. 즉, 전하를 역학적 단위로 표현할 수 있다는 것이다. 반면에 SI 단위계의 쿨롱(C)은 별도로 정의된 것으로 M, L, T로 나타낼 수 없다.

그런데 쿨롱 법칙에서 전하로부터 만들어지는 전기장은 사방으로 퍼져나가면서 구대칭성을 가진다. 이 점을 고려하여 쿨롱 법칙의 비례상수에 $1/4\pi$을 포함시키면 전자기학의 종합 방정식인 맥스웰 방정식에서는 4π가 나타나지 않는다. 이것은 맥스웰 방정식을 이용한 이론 전개에서 같은 기호가 반복해서 나타나는 것을 막기 위한 것으로, 이것을 '유리화(rationalization)'라고 한다. 이런 목적으로 만든 단위계가 '헤비사이드 - 로렌츠(Heaviside-Lorentz)' 단위계이다. 이 단위계는 가우스 단위계처럼 CGS 단위를 사용하지만 맥스웰 방정식을 기술할 때 4π가 나타나지 않는 유리 단위계(rationalized units)이다.

또한 헤비사이드 - 로렌츠 단위계는 국제단위계에서 ϵ_0와 μ_0를 1로 둔 것과

(계속)

같다. 그래서 맥스웰 방정식에서 이 상수들이 나타나지 않는다. 이 단위계는 전자기학 이론이나 양자장론, 끈이론 등을 기술할 때 많이 사용된다.

이에 비해 가우스 단위계는 비유리 단위계이다. 쿨롱 법칙만 단순하게 표현되고, 맥스웰 방정식뿐 아니라 전기장, 전하, 자기장, 전기 용량 등을 표현할 때 $\sqrt{4\pi}$ 나 4π 가 따라다니기 때문에 표현이 복잡하다.

1.6 진공의 특성 임피던스 Z_0

자유 공간(진공)에서 전파하는 전자기파의 자기장의 세기(H)에 대한 전기장의 세기(E) 비(즉, E/H)를 '진공의 특성 임피던스'라고 한다. 이것의 다른 이름으로는 '진공 임피던스', '진공의 고유 임피던스', '자유공간의 파동 저항' 등이 있다. 이것은 1930년대에 처음으로 도입되었으며, 가우스 단위계에서는 무차원 상수였지만 국제단위계에서는 저항의 단위(옴)를 가진다. 이것을 수식으로 표현하면 다음과 같은 관계가 성립한다.

$$Z_0 = \mu_0 c = \sqrt{\frac{\mu_0}{\epsilon_0}}$$

이 식에서 c, μ_0, ϵ_0는 각각 진공에서의 빛의 속력, 자기상수 및 전기상수이다. 이들은 모두 불확도가 0인 정의된 값을 갖기 때문에 Z_0도 불확도가 0이다. 그렇지만 그 값은 μ_0에 포함된 π값으로 인해 무리수이다($Z_0 = 376.730\ldots~\Omega$). 새 SI 단위계에서는 μ_0가 불확도를 가지기 때문에 Z_0도 불확도를 갖게 된다. 그렇지만 위의 관계식은 그대로 유지된다.

한편 Z_0는 제2장 2절과 3절에서 소개할 폰클리칭 상수 R_K 및 미세구조상수 α와 다음과 같은 관계가 있다. 여기서 α는 무차원 상수이다.

$$Z_0 = 2\alpha R_K$$

Z_0의 값은 전자기파의 파장에는 무관하다. 건조한 공기의 특성 임피던스

도 Z_0와 거의 비슷한 값을 가진다. 그러나 공기 중에 습기나 먼지 등이 많아지면 공기의 특성 임피던스값은 Z_0보다 작아진다. 이런 값들은 무선 통신공학에서 안테나 설계 등에 중요하게 사용된다.

2 전자기 상수

전자기 상수는 자연에 존재하는 네 가지 힘(중력, 약력, 강력, 전자기력) 중에서 전자기력과 관련된 기본상수를 말한다. 전자기력은 전하 때문에 발생하고, 전하의 기본은 전자이다. 전자는 원자를 구성하는 요소 중 하나로서 전자기력의 원천이고 화학반응을 일으키는 주요인이다. 전자가 가진 전하량은 극성만 다를 뿐 양성자의 전하량과 동일하다. 양성자 하나가 가진 전하량인 기본전하 e는 전자기 상수들 중에서 가장 기본이 된다고 할 수 있다.

전자기 상수의 정밀측정에 관한 연구는 양자현상을 거시적으로 구현하는 전자소자가 개발되면서 획기적으로 발전하였다. 그 대표적인 것이 조셉슨 효과를 구현하는 조셉슨 소자이다. 이것으로부터 기본전하 e에 대한 플랑크 상수 h의 비를 정밀하게 구할 수 있게 되었다. 이와 더불어 양자현상에 대한 이론인 양자전기역학(QED)이 발전하면서 이론은 실험과 상호보완적으로 기본상수를 더욱 정확하게 결정하는 데 기여했다.

이 절에서는 기본전하 e, 조셉슨 상수 K_J와 그 역수인 자기 선속 양자 Φ_0, 폰클리칭 상수 R_K와 그 역수인 전도도 양자 G_0, 보어 마그네톤 μ_B과 핵 마그네톤 μ_N에 대해 알아본다.

2.1 기본전하 e

기본전하는 전자가 갖는 전하량과 그 크기가 동일하므로 먼저 전자에 관한 연구에 대해서 알아본다.

1897년에 톰슨(J.J. Thomson)[34]은 음극선이 음의 전하를 띤 전자로 구성되었음을 실험으로 보였고, 전자의 질량에 대한 전하의 비 e/m_e를 측정했다. 이것은 원자보다 작은 물질이 있다는 것을 처음으로 발견한 것이었다. 그는 또 네온의 동위원소를 발견했는데, 이 실험은 질량분석에 바탕을 둔 첫 번째 실험으로서, 이후 질량분석기 개발로 이어지는 계기가 되었다.

그런데 톰슨이 활동하던 시대에 여러 과학자들은 전자의 존재에 대해서 어느 정도 알고 있었다. 예를 들면, 아일랜드의 물리학자인 조지 스토니(George J. Stoney)는 패러데이의 전기분해 실험 결과를 연구하면서 최소 전하 단위가 있다는 것을 믿었고 그 전하량을 계산했다. 그리고 톰슨이 전자에 관해 발표하기 전인 1891년에 그 최소 전하에 '일렉트론(electron)'이라는 이름을 붙였다. 그가 전자의 전하를 계산했던 때는 아직 전하의 단위가 정립되지 않았던 시대였다. 그가 계산한 전자의 전하를 CGS 단위로 환산하면 대략 10^{-11}스탯 쿨롬(statt- coulomb)으로, 실제값의 약 50분의 1 정도에 해당한다.[35] 조지 스토니는 전자의 전하 e와 중력상수 G 그리고 빛의 속력 c를 자연에서 가장 근본적인 양으로 생각했고, 그것들을 바탕으로 길이, 질량, 시간의 단위를 만들었다. 이것을 스토니 단위계라 하는데 자세한 것은 제3장에서 설명한다.

전자의 발견이 톰슨의 공적이 된 것은 전자가 존재한다는 것을 그가 실험적으로 보였기 때문이다. 그리고 톰슨은 영국 캐번디시 연구소 소장으로 있는 동안 여러 제자들을 길러냈는데, 그들 중에서 7명이나 노벨물리학상을 받았다.[36] 그 당시에 원자는 전기적으로 중성이라는 것이 알려져 있었다. 톰슨은 그때 원자는 전자만으로 구성되어 있다고 생각했다. 그리고 원자를 구성하는 공간이 균일한 양성이라고 생각했다. 마치 푸딩에 건포도가 박혀있는 것처럼 양성의 원자 공간에 음성의 전자가 박혀있는, 이른바 '건포도 푸딩(plum pudding)' 모델을 주장했다.

34 조지프 존 톰슨(1856~1940)은 영국의 물리학자이다. 전자의 발견과 기체의 전기 전도에 관한 연구로 1906년에 노벨물리학상을 수상했고, 2년 뒤에 영국 정부로부터 기사 작위를 수여받았다. 그의 아들인 조지 패짓 톰슨은 전자의 파동성을 증명함으로써 1937년에 노벨물리학상을 받았다.

35 John D. Barrow, *"The Constants of Nature,"* Vintage Books, New York, 2004, pp.18 - 22, p.298.

36 톰슨의 제자들 중에는 어니스트 러더퍼드, 윌리엄 브래그, 막스 보른, J.R. 오펜하이머 등이 있다.

로버트 밀리컨(Robert A. Millikan)[37]은 1910년에 전하를 띤 기름방울들을 이용하여 전자의 전하를 처음으로 정확하게 측정했다. 그의 실험은 두 개의 평행한 금속판 사이에 전하를 띤 작은 기름방울들을 두고, 금속판에 전압을 가하여 기름방울이 정적 평형을 이루도록 했다. 즉, 기름방울에 작용하는 중력과 부력 그리고 전기력이 평형을 이룰 때 두 전극 사이의 전기장으로부터 기름방울이 가진 전하량을 계산해냈다. 전하량이 다르게 대전된 많은 기름방울들의 운동을 관찰하고 또 기름방울의 운동에 영향을 미치는 공기의 점성을 고려하여 전하량을 구했다. 그는 반복된 측정을 통해 그 전하량이 어떤 기본값의 정수배가 됨을 확인했다. 그가 1917년에 발표한 전자의 전하량은 1.592×10^{-19} 쿨롬으로 실제값 $1.602 \cdots \times 10^{-19}$ 쿨롬보다 약 1 % 작다.

밀리컨의 실험에서 보는 것처럼 기본전하는 물체가 가질 수 있는 전하량의 기본이 된다. 다시 말하면 어떤 물체가 가지는 임의의 전하량은 e의 정수배이다. 그런데 1960년대에 발견된 쿼크는 e의 1/3의 전하량을 가진다. 그렇지만 쿼크는 양성자를 구성하는 요소로서, 홀로 존재할 수 있는 입자가 아니기 때문에 쿼크가 가진 전하를 기본전하라고 하지 않는다.

1930년대에 들면서 e값을 간접적으로 구하는 방법이 새로 개발되었다. 그것은 e가 포함된 다른 물리상수들의 관계식으로부터 계산해내는 것이다. 예를 들면, 패러데이 상수 F와 아보가드로 상수 N_A의 관계식 ($F = N_A e$)에서 F와 N_A를 따로 측정하고, 그 두 값으로부터 $e\,(= F/N_A)$를 계산한다. 이것은 1 몰의 전자가 가지는 전하량 F를 1 몰의 전자 개수 N_A로 나눔으로써 전자 하나가 가지는 전하량 e를 구하는 것이다. F를 구하는 방법은 "패러데이의 전기분해 법칙"에 근거한다. 즉, 전기분해 실험에서 양극과 음극을 연결하는 전선을 통과하는 전자의 수는 용액 속에서 양극 또는 음극에 달라붙거나 떨어져 나가는 이온의 수에 비례한다는 것이다. 그러므로 전기 분해 실험에서 전극으로 사용된, 몰질량이 M인 물질의 질량 변화(Δm)를 측정하고, 전선을 통과한 총 전하량 Q를 알아내면 $\Delta m/M = Q/(F \cdot z)$ 관계식으로부

---

37 로버트 앤드루스 밀리컨(1868~1953)은 미국의 물리학자로서, 전자의 전하를 정밀하게 측정하고, 우주선(cosmic ray)을 연구한 공적으로 1923년에 노벨물리학상을 수상했다.

터 F값을 구할 수 있다. 단, z는 전극 물질의 원자가이고, Q는 전선에 흐른 전류를 시간 적분하여 구한다. 이 방법으로 구한 기본전하의 불확도는 F의 측정 불확도에 의해 결정되는데, 다른 현대적 방법에 비해 불확도가 수십 배더 크다.

기본전하를 구하는 현대적 방법은 다음에 나올 조셉슨 상수 K_J 및 폰클리칭 상수 R_K와의 관계식 $e = 2/(K_J \cdot R_K)$으로부터 구한다. CODATA-2014에 의하면 K_J와 R_K 값의 상대불확도는 각각 6.1×10^{-9}, 2.3×10^{-10}이고, e값의 상대불확도는 6.1×10^{-9}이다. 다시 말하면 e값의 불확도는 조셉슨 상수의 불확도에 의해 결정된다.

2.2 조셉슨 상수 K_J , 자기 선속 양자 Φ_0

조셉슨 효과란 두 개의 초전도체가 얇은 절연막이나 금속으로 분리되어 있을 때 두 초전도체 사이(조셉슨 접합)에서 일어나는 초전도 전자쌍의 터널링 현상을 말한다. 조셉슨 효과는 브라이언 조셉슨(Brian D. Josephson)[38]이 1962년에 이론적으로 예측하였다.

조셉슨 접합에 외부에서 $10 \sim 100\,\text{GHz}$ 영역의 마이크로파 주파수 f를 가하면 조셉슨 접합 양단에 DC 전압이 형성된다. 이 조셉슨 접합 배열을 직렬로 연결하면 전류–전압 곡선은 양자화된 조셉슨 전압 U_J에서 전류의 계단이 나타난다. n번째 계단의 전압은 주파수 f와 다음과 같은 관계를 가진다. 단, n은 정수이고, K_J는 조셉슨 상수이다.

$$U_J(n) = \frac{nf}{K_J}$$

과학자들은 조셉슨 상수 K_J가 실험변수(예를 들면, 마이크로파의 주파수, 전류, 초전도체 형태, 접합 형태 등)에 무관한, 보편성을 갖는 기본상수라는 것을 실험으로 확인하였다. 조셉슨 효과에 관한 이론과 실험으로 알게 된 결

---

38 브라이언 조셉슨(1940~)은 영국의 물리학자인데, 캠브리지 대학의 대학원생이던 22살 때 조셉슨 효과에 대한 이론을 발표했고, 33살이던 1973년에 노벨물리학상을 수상했다.

과는 K_J가 다음과 같은 관계를 가진다는 것이다. 단 e는 기본전하, h는 플랑크 상수이다.

$$K_J = \frac{2e}{h} \approx 483\ 598\ \text{GHz/V}$$

CODATA-2014에서 K_J 값의 상대불확도는 6.1×10^{-9}이다.

1980년대에 수많은 조셉슨 접합을 집적하여 소자화하는 것이 가능해지면서 이 분야의 연구는 여러 분야에서 응용되기 시작했다. 조셉슨 소자의 개발 덕분에 원자 수준에서 발생하는 양자현상을 전류 및 전압과 같은 고전적이고 거시적인 물리량에서 구현할 수 있게 되었다. 그 결과로, 양자적 현상과 관련된 물리량 및 기본상수의 정밀 측정 분야에서 큰 발전을 이루게 되었다.

조셉슨 소자의 이런 특성을 이용하여 만든 것이 조셉슨 전압표준이다. 미국 NIST에서 제작한 프로그램 가능한(programmable) 조셉슨 전압표준은 약 27만 개의 조셉슨 접합을 집적하여 17 mm×12 mm 크기의 소자로 만들어졌다. 이 소자에서 조셉슨 접합을 적절히 선택함으로써 −10 V에서 +10 V 사이에서 최소 484 μV의 계단을 가지는 임의 파형의 전압을 만들어낼 수 있다.

조셉슨 전압표준은 전압을 주파수값으로부터 알 수 있다는 것이 중요하다. 왜냐하면 주파수는 물리량 중에서 가장 정확하게 측정할 수 있기 때문이다. 조셉슨 전압표준에서 전압의 측정 불확도는 조셉슨 상수의 불확도에 의해 결정된다. 그런데 전기 분야 측정에서 실용적인 목적을 위해 1990년부터 K_{J-90} = 483 597.9 GHz/V로 정의하고(불확도 0인 값으로 고정시키고) 전압 측정의 기준으로 사용하고 있다. 이것에 대해서는 제2장 5절에서 자세히 설명한다.

조셉슨 소자의 다른 응용분야로서 초전도 양자 간섭 소자(SQUID)가 있다. SQUID는 기본적으로 자속을 전압으로 변환하는 소자인데, 아주 미세한 자장을 측정할 수 있다. 심장 박동이나 뇌의 활동에 의해 발생하는 미세한 생체 신호를 측정할 수 있는 심자도 장치나 뇌자도 장치에 응용된다.[39]

---

39 정연욱, 이용호, 김용함, 물리학과 첨단기술, 2011년 9월호, pp.15−20.

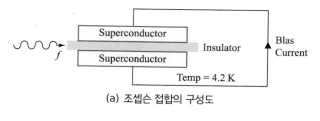

(a) 조셉슨 접합의 구성도

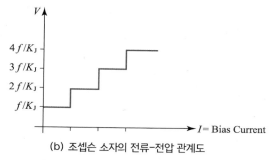

(b) 조셉슨 소자의 전류–전압 관계도

그림 2.3 조셉슨 접합의 구성도 및 전류–전압 관계도

조셉슨 상수 $K_J(=2e/h)$의 역수인 $(h/2e)$를 '자기 선속 양자' Φ_0라고 부른다. 자기 선속(magnetic flux)이란 자기장(B)이 어떤 면적(S)을 수직으로 통과할 때 자기장과 면적의 곱($B \cdot S$)을 말한다. 그런데 초전도체에서는 이 자기 선속이 양자화되어 있다. 자기 선속 양자 Φ_0는 앞에서 본 것처럼 플랑크 상수와 기본전하에 의해 결정되며, 모든 초전도체에 적용되는 기본상수이다. $\Phi_0 \simeq 2.067 \times 10^{-15}$ Wb이고, CODATA-2014에 의하면 그 상대불확도는 6.1×10^{-9}인데, 이것은 조셉슨 상수의 상대불확도와 동일하다. 자기 선속의 단위 웨버는 Wb= V · s의 관계가 있다.

2.3 폰클리칭 상수 R_K, 전도도 양자 G_0

폰클리칭 상수는 '양자 홀 효과'에서 나오는 상수다. 양자 홀 효과는 고전적인 '홀 효과'의 양자역학적 현상을 말한다. 먼저 고전적인 홀 효과에 대해서 알아보자.

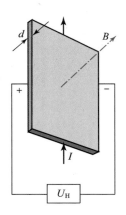

그림 2.4 홀 효과 설명도: 전도체 양단에 홀 전압이 형성됨

홀 효과는 1879년에 에드윈 홀(Edwin H. Hall)[40]이 처음 발견했다. 이것은 전도체 물질에 전류(I)가 흐를 때 자기장(B)을 가하면 나타나는 현상이다. 즉, 전류가 흐르는 전도체 면에 수직으로 자기장을 가하면 전류의 방향과 자기장의 방향에 동시에 수직인 방향으로 전압이 형성되는 것을 말하는데, 이것을 '홀 전압'이라고 한다. 이때 전류에 대한 홀 전압(U_H/I)의 비를 '홀 저항'(R_H)이라 한다. 이 현상은 고전 전자기학의 로렌츠 힘으로 설명된다. 홀 효과는 자기장 감지기 등에서 널리 활용된다.

한편, 양자 홀 효과는 극저온, 고자장에 놓인 2차원 전자 기체(electron gas)에서 관찰되는데, 홀 저항이 양자화된 값을 가지는 것을 말한다. 2차원 전자 기체는 GaAs/AlGaAs 헤테로 구조를 갖는 반도체 소자나 모스펫(MOSFET)에서 구현된다. 이 소자들은 1 K 수준의 극저온으로 냉각되고, 10 T 정도의 고자장 하에 놓여 있다. 이때 2차원 전자 기체들은 다음과 같이 양자화된다. 즉, 소자에 흐르는 특정 전류 I에 대해 홀 전압 U_H와 자기장 B의 관계 곡선에서 B가 변해도 U_H가 일정한 구간이 나타난다. U_H가 일정한 구간을 플래토(plateau)라고 하는데, 이 구간이 홀 저항이 양자화된 영역이다. i번째 플래토에서 양자 홀 저항 R_H는 다음과 같은 관계를 갖는다.

---

40 에드윈 허버트 홀(1855~1938)은 미국의 물리학자인데, 그는 J.J. 톰슨이 전자를 발견하기 18년 전에 홀 효과를 발견했다.

$$R_H(i) = \frac{U_H(i)}{I} = \frac{R_K}{i}$$

여기서 i는 정수이고, R_K는 폰클리칭 상수이다.

그런데 양자 홀 효과에는 정수 양자 홀 효과와 분수 양자 홀 효과가 있다. 여기서는 정수 양자 홀 효과에 국한하여 설명한다. 정수 양자 홀 효과는 1980년에 클라우스 폰 클리칭(Klaus von Klitzing)[41]이 실험적으로 발견했다. 앞의 식에서 폰클리칭 상수 R_K는 i번째 플래토에서의 홀 저항에 플래토 번호를 곱한 것과 같다. 이것은 곧 첫 번째 플래토의 홀 저항과 같다. 고전적인 홀 효과에서 홀 저항(R_H)은 자기장의 세기에 비례하여 변한다. 그런데 양자 홀 효과는 자기장이 변함에 따라 홀 저항이 계단식으로 변한다. R_K 값을 정확하게 측정하기 위해서는 여러 실험 조건이 잘 맞아야 한다. 그동안 많은 과학자들의 연구를 통해서 소자의 형태나 소자의 물질, 플래토 번호와 상관없이 이 값이 일정하다는 것이 밝혀졌다. 다시 말하면 R_K는 보편성을 갖는 기본상수이다.

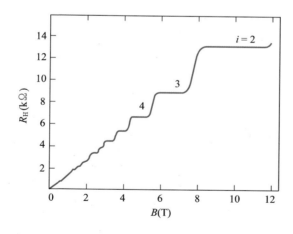

그림 2.5 양자 홀 효과: 홀 저항이 양자화됨

41 클라우스 폰 클리칭(1943~)은 독일의 물리학자이며, 정수 양자 홀 효과의 발견으로 1985년에 노벨물리학상을 수상했다.

양자 홀 효과에 대한 이론과 실험결과는 R_K가 다음과 같은 관계를 가진다는 것을 밝혔다.

$$R_K = \frac{h}{e^2} = \frac{\mu_0 c}{2\alpha} \approx 25\ 813\Omega$$

여기서 α는 미세구조상수이다. μ_0와 c는 각각 자기 상수 및 빛의 속력으로 불확도가 0인 값을 가진다. 따라서 R_K로부터 α를 구할 수 있다. CODATA-2014에 의하면 R_K와 α의 상대불확도는 모두 2.3×10^{-10}이다.

폰클리칭 상수는 아주 정확하게 측정할 수 있다. 그래서 양자 저항표준을 구현하는 데 사용되고 있다. 전기 분야 측정에서 실용적으로 사용할 수 있도록 1990년도부터 $R_{K-90} = 25\ 812.807\ \Omega$으로 정의하고(불확도가 0인 값으로 고정시키고), 저항의 기준으로 사용하고 있다. 이것에 대해서는 제2장 5절에서 자세히 설명한다.

저항의 역수는 전도도이므로 폰클리칭 상수의 역수에 2를 곱한 값을 '전도도 양자'라 부르고 G_0로 표기한다. 즉, $G_0 = 2e^2/h$이다. 전도도 양자는 양자 점접촉(quantum point contact)의 전도도를 측정하거나 두 개의 양자 채널의 전도도를 기술할 때 나타난다. 전도도의 SI 단위는 '지멘스'이고, 기호는 대문자로 S이다. G_0값은 대략 7.748×10^{-5} S이고, 상대불확도는 폰클리칭 상수와 동일한 2.3×10^{-10}이다.

2.4 보어 마그네톤 μ_B , 핵 마그네톤 μ_N

닐스 보어의 원자모델(참조: NOTE 2-7)에서 전자는 원자핵 주위로 원운동을 한다. 정지 질량 m_e, 전하 $-e$인 전자 하나가 선속력 v로 반지름 r인 고리 모양으로 회전한다고 가정하자. 이때 전자의 각운동량은 $\vec{L} = \vec{r} \times \vec{p}$ 이므로, 그 크기는 $L = rp = rm_e v$이다. 그런데 단위 시간당 전하량의 변화(Δq)가 전류이므로 이를 원운동하는 전자의 흐름에 적용하면

$$I = \Delta q / \Delta t = -e/(2\pi r/v) = -ev/2\pi r$$

이 된다. 따라서 전자의 자기 모멘트는 다음과 같이 쓸 수 있다(참조: NOTE 2−6).

$$\mu = I \cdot S = \frac{-ev}{2\pi r}\pi r^2 = \frac{-evr}{2} = \frac{-e}{2m_e}L$$

여기서 각운동량 L은 전자의 궤도 운동량이나 스핀 운동량이 될 수 있고 또는 이 둘의 양자역학적 합인 전체 운동량이 될 수도 있다.

위 식에서 기본전하(양의 전하)를 가지고, 각운동량 $L = \hbar$인(즉, 궤도 운동을 하는) 전자의 자기 모멘트를 특별히 '보어 마그네톤'이라고 부르고 μ_B로 표기한다. 다시 말하면 보어 마그네톤이란 양전자가 $\hbar$의 각운동량을 가질 때의 자기 모멘트이다. 보어 마그네톤은 자기 모멘트를 나타내는 기준, 즉 단위로 자주 사용된다. CODATA-2014에 의하면 $\mu_B = e\hbar/2m_e \simeq 927.4 \times 10^{-26}$ J T^{-1}이고, 이 값의 상대불확도는 6.2×10^{-9}이다. 그런데 μ_B를 다른 단위로 표현하면 $\mu_B \simeq 5.788\times 10^{-5}$ eV T^{-1}이고, 상대불확도는 4.5×10^{-10}으로 좋아진다.

위 식에서 전자의 정지 질량 m_e 대신에 양성자의 정지 질량 m_p를 사용하면 '핵 마그네톤' μ_N이 된다. $\mu_N = e\hbar/2m_p \simeq 5.05 \times 10^{-27}$ J T^{-1}, 상대불확도는 보어 마그네톤과 동일한 6.2×10^{-9}이다.

NOTE 2-5 힘과 토크, 선운동량과 각운동량

뉴턴의 제2법칙을 흔히 가속도의 법칙이라고 부른다. 이것은 질량이 m인 물체에 힘 F가 가해지면 그 물체는 가속도 a로 운동한다는 것이다. 여기서 가속도란 시간에 따라 속도가 변하는 양이다. 이것을 수식으로 표현하면 아래와 같다. 단, 질량은 시간에 따라 변하지 않는다고 가정하고, 힘과 가속도는 방향성을 가지는 벡터량임을 화살표로 나타냈다.

$$\vec{F} = m\vec{a} = m\frac{d\vec{v}}{dt} = \frac{d}{dt}(m\vec{v}) = \frac{d\vec{p}}{dt}$$

(계속)

이 식에서 $\vec{p}\,(\equiv m\vec{v})$는 이 물체가 가진 '운동량'이다. 따라서 힘이란 물체의 운동량을 시간에 따라 변화시키는 것이라고 말할 수 있다. 그런데 이 운동량을 회전에 의한 각운동량과 구분하기 위해서 '선운동량'이라고 부른다.

힘에 의해 물체가 회전하게 되는 경우 회전 운동을 일으키는 것을 '토크 (torque)'라 하고, 아래 식과 같이 정의된다. 토크는 우리말로 '돌림 힘' 또는 '회전력'이라고 부른다. 아래 식에서 $\vec{r}$은 회전중심(또는 원점)에서 물체의 중심지점까지의 거리(방향 포함)이고, $\vec{F}$는 물체에 가해지는 힘이다. 곱하기($\times$)는 토크가 가리키는 방향이 두 벡터에 동시에 수직인 방향임을 나타낸다.

$$\vec{\tau} \equiv \vec{r} \times \vec{F} = \vec{r} \times \frac{d\vec{p}}{dt} = \frac{d}{dt}(\vec{r} \times \vec{p}) = \frac{d\vec{L}}{dt}$$

위 식에서 세 번째 등호는 회전중심에서 물체 사이의 거리가 시간에 따라 변하지 않는다고 가정했을 때 성립한다. 위 식은 힘과 선운동량의 관계에 대응되도록 토크와 각운동량($\vec{L}$)의 관계를 만든 것으로, '각운동량'은 다음과 같이 정의된다.

$$\vec{L} = \vec{r} \times \vec{p}$$

원점에서 물체의 중심을 가리키는 방향과 물체가 움직이는 방향이 이루는 각도를 θ라고 하면 각운동량의 크기는 $L = rp\sin\theta$ 이다.

NOTE 2-6 자기 모멘트의 단위

회전하는 물체는 각운동량을 가진다. 그런데 그 물체가 전하를 띠고 있다면 좀 더 복잡한 현상이 발생한다. 전하가 회전한다는 것은 전류가 고리 모양의 닫힌 회로(폐회로)를 흐르는 것과 같은 효과를 만든다. 전류의 흐름은 자장을 만드는데, 오른손 법칙에 따라 자석과 같은 성질, 즉 '자기 모멘트'를 만든다. 자기 모멘트는 N과 S의 두 개의 극성을 가지므로 '자기 쌍극자 모멘트'라고도 부른다.

자기 모멘트는 벡터량인데, 흔히 μ 또는 m으로 표기한다. 고리 모양 전선에 전류 I가 흐를 때 전선이 차지한 면적이 S라면 자기 모멘트는 $\vec{\mu} = I \cdot S\hat{n}$으

(계속)

로 정의된다. 여기서 $\hat{n}$은 방향을 나타내는 벡터인데, 전류의 흐름 방향대로 오른손을 감쌀 때 엄지손가락 방향이다. 자기 모멘트의 SI 단위는 정의에서 보듯이 $A \cdot m^2$이다.

한편 자기 모멘트 $\vec{\mu}$를 가진 물체가 외부 자기장 $\vec{B}$ 속에 놓여있다면 외부 자기장으로부터 돌림 힘(토크)을 받는다. 토크(torque)는 τ 로 표기하는데, $\vec{\tau} = \vec{r} \times \vec{F}$ 로 정의된 벡터량이다. 여기서 $\vec{r}$은 회전축에서 힘을 가하는 위치까지의 변위이고, $\vec{F}$는 가해진 힘이다. 따라서 토크의 SI 단위는 힘의 단위 뉴턴에 길이의 단위 미터를 곱한 $N \cdot m$ 이다. 그런데 이것은 에너지의 단위 줄(기호: J)과 같다.

자기장 속에 있는 자기 모멘트가 받는 토크는 $\vec{\tau} = \vec{\mu} \times \vec{B}$ 이다. 이 관계식에서 자기 모멘트의 SI 단위는 $N \cdot m/T = J/T$이다. 단, T는 자기장의 단위인 테슬라이다.

정리하면, 자기 모멘트는 $A \cdot m^2$ 또는 J/T 단위로 나타낼 수 있다.

3 원자 및 핵 관련 상수

CODATA-2014에 발표된 330여 개의 기본상수값들 중에서 절반 이상이 원자 및 핵 관련 상수들의 값이다. 이 상수들은 입자의 종류에 따라 분류되어 있다. 이 절에서는 측정과학 및 국제단위계에서 자주 등장하는 기본상수를 선택하여 일반 상수, 전자에 관한 상수, 양성자에 관한 상수로 나누어 설명한다.

여기에 속한 상수들의 값을 실험적으로 구할 때, 광 및 마이크로파 분광학이나 입자 가속기 기술이 활용되고 있다. 이론적으로는 양자역학 또는 양자전기역학[42]으로 상수값을 계산한 것도 있다.

---

[42] 양자전기역학(QED: Quantum Electrodynamics)은 고전 전자기학을 양자화하여 얻은 이론으로, 전하를 띤 입자와 광자와의 상호작용에 관한 상대론적 양자장론이다. 물리 이론들 중에서 가장 정확하게 실험으로 검증되었다.

3.1 일반 상수

(1) 뤼드베리 상수 R_∞

1859년 분젠(Robert W.E. Bunsen)[43]은 키르히호프(Gustav R. Kirchhoff)[44]와 함께 원소에서 방출되는 빛을 프리즘으로 분광하는 분광분석법을 개발했다. 그 이후 여러 원소들에 대한 스펙트럼이 알려졌다. 그중에서도 가장 간단한 원소인 수소 원자에 대해서는 파장 영역에 따라 선 스펙트럼이 관측되었다. 이것들은 가시광선, 자외선, 적외선 영역에서 각각 스펙트럼을 관찰한 과학자들의 이름에 따라 발머 계열, 라이먼 계열, 파센 계열로 불린다. 특히 가시광선 영역에서는 4개의 선이 관측되었는데, 요한 발머(Johan J. Balmer)는 이것들로부터 경험적인 관계식을 만들었다. 그 뒤 요하네스 뤼드베리(Johannes R. Rydberg)[45]는 이것을 일반화시켜서 1888년에 뤼드베리 공식을 발표했다. 뤼드베리 상수 R_∞는 이 공식에 나타난다.

$$\frac{1}{\lambda} = R_\infty \left(\frac{1}{n_1^2} - \frac{1}{n_2^2} \right)$$

이 식에서 λ는 빛의 파장, n_1, n_2는 정수이며 $n_1 < n_2$이다. 이 정수들은 양자역학적으로는 전자의 회전 궤도를 결정하는 주양자수에 해당한다.

뤼드베리가 선 스펙트럼에 대한 경험적인 공식을 만들었지만 그것이 나오게 된 근본적인 원리는 1913년에 닐스 보어(Niels H.D. Bohr)[46]가 원자 모델을 만듦으로써 비로소 이해하게 되었다. 보어의 원자 모델이 설정한 세 가지 가정으로부터 뤼드베리 상수의 관계식을 유도해 내는 것이 가능하다(참조: NOTE 2 – 7).

---

43 로베르트 분젠(1811~1899)은 독일의 화학자로서 분젠 버너로 알려진 가스등에서 가스를 연소시켜 그 빛의 스펙트럼을 분석하여 가스의 성분을 알아내는 분광분석법을 개발했다.

44 구스타프 키르히호프(1824~1887)는 독일의 물리학자로서 분광학, 흑체 복사, 열역학 등에서 많은 업적을 남겼으며, 태양광의 스펙트럼 분석을 통해 처음으로 세슘과 루비듐 원자를 발견했다.

45 요하네스 뤼드베리(1854~1919)는 스웨덴의 물리학자이다.

46 닐스 보어(1885~1962)는 덴마크의 물리학자로서 원자 구조의 이해와 양자역학의 성립에 큰 기여를 했다. 이 업적으로 1922년에 노벨물리학상을 수상했다. 그는 아인슈타인, 하이젠베르크, 막스 플랑크, 리차드 파인만 등과 교류했다. 그의 아들인 아게 닐스 보어도 1975년에 노벨물리학상을 수상했다.

NOTE 2-7 닐스 보어의 원자 모델

태양광이나 백열등에서 나오는 빛을 프리즘으로 분광하면 빨간색에서부터 보라색까지 연속적인 스펙트럼이 나타난다. 그런데 특정 가스를 태울 때 나오는 빛을 분광하면 몇몇 군데에서 선으로 된 스펙트럼만 나타난다. 선 스펙트럼이 나타나는 위치, 즉 파장은 가스를 구성하는 원자나 분자에 따라 달라지기 때문에 그것들을 구분해낼 때 사용된다. 20세기 초 닐스 보어가 활동하던 시절에 선 스펙트럼에 관한 실험 결과가 많이 알려져 있었다. 수소 원자는 가시광선 영역에서 네 군데에 선 스펙트럼이 나타나는데, 이 현상을 이론적으로 설명하지 못하고 있었다.

그 당시에 이미 알려져 있던 러더퍼드(Ernest Rutherford)[47]의 원자모델은 다음과 같다. 즉, 전자가 회전하면 맥스웰의 전자기파 이론에 따라 빛을 내는데, 그 때문에 전자는 점점 에너지를 잃게 되어 궤도 반경이 줄어들다가 마지막에는 원자핵으로 끌려들어간다. 이 모델은 연속 스펙트럼을 설명할 수는 있지만 선 스펙트럼을 설명할 수 없었다. 그때 플랑크의 흑체 복사 이론도 이미 잘 알려져 있었다. 즉, 에너지는 연속적이지 않으며 최소 단위인 양자로 구성되는데, 그것은 빛의 진동수에 플랑크 상수를 곱한 $E = h\nu$이다.

닐스 보어는 맥스웰의 전자기파 이론이 원자에서는 적용되지 않는다는 가정하에 러더퍼드 모델을 개선한 모델을 제시하고 이론적으로 계산했다. 그는 다음과 같은 세 가지 가정으로 수식을 전개하고, 수소 원자의 선 스펙트럼을 설명할 수 있었다.

① 원자핵 주위로 전자가 회전할 때 전자가 원 궤도를 유지하려면 구심력으로 작용하는 원자핵 – 전자 사이의 전자기력(쿨롱 힘)과 전자의 회전에 의한 원심력이 같아야 한다.
② 전자의 회전 각운동량은 양자화되어 있는데, 그 값은 $\hbar$의 정수배이다.
③ 전자가 높은 궤도에서 낮은 궤도로 떨어질 때 빛을 방출하는데, 빛의 주파수(ν)는 두 궤도 사이의 에너지 차이와 $\Delta E = h\nu$의 관계를 만족시킨다. 그리고 전자의 역학적 에너지는 보존된다.

(계속)

---

47 어니스트 러더퍼드(1871~1937)는 영국의 화학자 및 물리학자이며, 핵물리학의 아버지라고 불린다. 그는 방사선이 원자 내부의 붕괴에 의해 발생한다는 사실을 처음으로 밝혔고, 1908년에 노벨화학상을 수상했다.

이 세 가지 가정을 식으로 표현하면 다음과 같다. 단 m_e, e, r, v는 각각 전자의 질량, 기본전하, 전자의 궤도 반경, 전자의 선속력이다.

$$\frac{e^2}{4\pi\epsilon_0 r^2} = \frac{m_e v^2}{r}, \quad L = m_e v r = n\hbar, \quad E = \frac{1}{2}m_e v^2 - \frac{e^2}{4\pi\epsilon_0 r}$$

이 세 식으로부터 뤼드베리 공식과 뤼드베리 상수의 관계식을 유도할 수 있다. 이를 통해 수소 원자의 선 스펙트럼을 설명할 수 있게 되었다. 그리고 이 원자 모델은 양자역학이 성립하는 데 큰 기여를 했다.

$$R_\infty = \frac{m_e e^4}{8\epsilon_0^2 h^3 c} = \frac{\alpha^2 m_e c}{2h} = \frac{\alpha}{4\pi a_0}$$

여기서 m_e, e는 전자의 질량과 기본전하이고, ϵ_0은 전기상수, h는 플랑크 상수, c는 빛의 속력, α는 미세구조상수, a_0는 보어 반지름이다.

뤼드베리 상수의 단위는 뤼드베리 공식에 나타난 것처럼 (1/파장)의 관계로부터 m^{-1}이다. 그런데 최근에는 이것에 빛의 속력을 곱하여 Hz 단위로 나타내는데, 이것을 '뤼드베리 주파수'라고 한다.

$$R_\infty \simeq 10\,973\,731.5 \ \mathrm{m}^{-1}$$
$$R_\infty c \simeq 3.289 \times 10^{15} \ \mathrm{Hz}$$

이 값들의 상대불확도는 CODATA-2014에 의하면 5.9×10^{-12}이다.

보어의 원자 모델과 디랙의 고유값(eigenvalue) 및 QED 이론 덕분에 뤼드베리 상수는 전자의 g-인자와 함께 오늘날 가장 정확하게(상대불확도가 가장 낮게) 구할 수 있다. 그리고 뤼드베리 주파수는 원자에서의 전이주파수를 계산할 때 빠지지 않는 상수이다. 원자가 갖는 에너지 구조는 크게 세 가지로 나눌 수 있다 즉, 큰 구조(gross structure), 미세구조(fine structure), 초미세구조(hyperfine structure)에서의 전이주파수를 계산할 때 $R_\infty c$는 항상 포함된다. 특히 큰 구조의 경우에는 광주파수 영역의 전이주파수가 발생되는데, 오늘날 아주 정확하고 안정된 광주파수 표준기(optical frequency standard)가 개

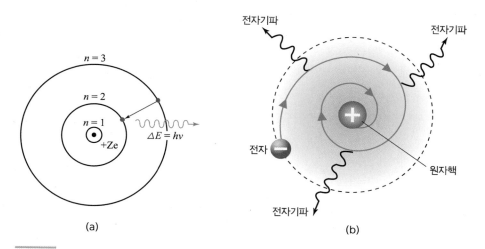

$n = 3$

$n = 2$

$n = 1$

$+Ze$

$\Delta E = h\nu$

(a)

전자기파

전자기파

전자

전자기파

원자핵

(b)

그림 2.6 (a) 닐스 보어의 원자 모델, (b) 러더퍼드의 원자 모델

발됨으로써 실험과 이론으로 서로 비교할 수 있게 되었다. 이를 이용하여 기본상수가 시간적으로 얼마나 안정되어 있는지 또는 변하는지를 연구하는 데 사용되고 있다.

(2) 미세구조 상수 α

수소 원자의 선 스펙트럼 하나를 자세히 살펴보면 선이 몇 개의 미세한 선들로 분리되어 있는 것을 알 수 있다. 그 미세구조를 설명하기 위해서 아놀드 조머펠트(Arnold J.W. Sommerfeld)[48]는 1916년에 보어 이론을 확장한, 즉 타원 궤도와 질량의 상대론 효과를 적용한 미세구조 상수를 도입했다. 그래서 처음에는 조머펠트 상수라고도 불렀다. 그런데 그는 이론에서 전자의 스핀을 고려하지 않았고, 그 때문에 그의 이론은 실험결과를 설명하는 데 한계가 있었다. 미세구조 상수에 대한 물리적 해석은 양자역학이 발전함에 따라 조머펠트가 처음 생각했던 것보다 훨씬 넓어졌다. 그래서 그 명칭도 조머펠트 상수에서 미세구조 상수로 바뀌었다.

48 아놀드 조머펠트(1868~1951)는 독일의 이론물리학자이며, 원자물리와 양자역학의 성립에 공헌했다. 그의 제자들 중에는 하이젠베르크, 볼프강 파울리, 파터 디바이, 한스 베테 등 노벨물리학상 수상자들이 여럿 있다. 그 당시 유럽의 독일어권에 종사한 이론물리학 교수의 3분의 1이 그의 제자라고 할 만큼 우수한 학자들을 많이 양성했다.

보어의 원자 모델에서는 전자의 궤도 운동과 관련된 주양자수 n만 나온다. 그런데 전자는 궤도 운동뿐 아니라 스핀 운동도 하는데, 이 두 가지 운동이 결합하여 새로운 원자의 에너지 구조를 만든다. 이렇게 만들어진 것이 원자의 미세구조이다.

미세구조 상수에 대한 조머펠트의 해석은 보어의 원자 모델에서 첫 번째 회전 궤도(핵에 가장 가까운 궤도)에 있는 전자의 속력을 빛의 속력으로 나눈 것이었다. 그런데 오늘날에는 전하를 띤 입자들 사이의 전자기적 상호작용의 세기를 결정하는 역할을 하는 것으로 알려져 있다. 또한 QED에서는 전자와 광자 사이의 상호작용을 결정하는 결합상수와 직접 연결되어 있다고 생각한다. 미세구조 상수는 무차원 상수, 즉 단위가 없다. 어떤 단위계를 사용하더라도 항상 동일한 값을 가지므로 이론물리학자들이 특별히 좋아한다.

α는 다음의 관계식으로 표현된다.

$$\alpha = \frac{1}{4\pi\epsilon_0}\frac{e^2}{\hbar c} = \frac{\mu_0}{4\pi}\frac{e^2 c}{\hbar} = \frac{c\mu_0}{2R_K}$$

여기서 $\hbar = h/2\pi$이고, e, c, R_K는 각각 기본전하, 빛의 속력, 폰클리칭 상수이다. α의 값은 약 7.297×10^{-3}인데, 역수인 α^{-1}의 값이 약 137.0이므로 α 대신 α^{-1}를 사용하는 경우도 많다. 또는 α를 대략 1/137로 표시한다.

위 식에서 α는 R_K와 같은 상대불확도를 가진다. 왜냐하면 관계식에 포함된 나머지 기본상수들(c, μ_0)은 모두 불확도가 0이기 때문이다.

그리고 α는 뤼드베리 상수 R_∞와 다음의 관계를 가진다.

$$\alpha^2 = \frac{2R_\infty}{c}\frac{h}{m_e}$$

위 두 식에서 보는 것처럼 α값을 결정하는 방법에는 여러 가지가 있다. 하나의 기본상수를 여러 가지 방법으로 구할 수 있다는 것은 기존의 방법이 갖고 있을지도 모를 시스템 오류를 찾아낼 수 있다는 점에서 중요하다. 그리고 관계식에 포함된 다른 상수들의 값을 간접적인 방법으로 구할 수 있다. 또한 실험적으로 구한 α값을 QED 이론으로 구한 값과 비교함으로써 이론을 더욱 정교하게 만드는 데 활용된다.

현재 가장 정확한 α값은 어느 한가지 측정값으로만 결정되지 않는다. 실험적으로 '전자의 자기모멘트 비정상량(electron magnetic moment anomaly)'을 측정하고, 이 결과와 QED로 계산한 값을 종합하여 결정한다.[49] 이에 과한 자세한 내용은 제2장 6절에 나와있다. α값의 상대불확도는 2.3×10^{-10}이다.

한편 R_∞값의 상대불확도는 5.9×10^{-12}으로 α에 비해 아주 작다. 이에 비해 h와 m_e값의 상대불확도는 둘 다 1.2×10^{-8}으로 상대적으로 큰 편이다. 그런데 h와 m_e의 비(h/m_e)를 정확하게 구하는 것이 가능한데, 이 양은 '순환의 양자(quantum of circulation)'라는 또 다른 기본상수이다. CODATA-2014에 의하면 이것의 상대불확도는 4.5×10^{-10}이다. 위 관계식에 포함된 양들의 상대불확도를 비교해보면 (h/m_e)의 상대불확도와 α^2의 상대불확도는 4.5×10^{-10}으로 동일하다. α의 불확도는 그 절반에 해당하는 2.3×10^{-10}이다.

최근 연구에서 냉각된 루비듐 원자(Rb)를 이용하여 원자 간섭계를 만들고, 광자 하나가 원자에 흡수될 때 원자의 되튐 속력을 측정했다.[50] 이 실험으로 원자의 질량에 대한 플랑크 상수의 비(h/m_{Rb})를 구했다. 이 값을 이용하여 α값을 계산하고, α값에서 다시 전자의 자기모멘트 비정상량 a_e를 계산한다. QED로 계산된 값을 실험으로 구한 a_e와 비교함으로써 QED 이론을 검증하는데, 상대불확도가 10^{-10} 수준에서 실험결과와 일치하고 있다.[51]

이와 반대 방향, 즉 이론으로 계산한 결과가 실험값에 영향을 미치는 경우도 있다. QED 이론에서 12000여 개의 파인만(Feynman) 도형으로부터 a_e를 구하고, 이것을 이용하여 α값을 결정하는데, 이를 통해 α의 불확도가 개선되었다.[52]

실험과 이론으로 동시에 값을 구할 수 있는 기본상수는 몇 개 되지 않는다. α는 그것이 가능하기 때문에 다른 상수들에 비해 여러 연구가 진행되고 있

49 P.J. Mohr, *et al.,* Rev. Mod. Phys. **84**, pp.1527 – 1605 (2012).
50 M. Cadoret, *et al.,* Phy. Rev. Lett. **101**, 230801 (2008).
51 R. Bouchendira, *et al.,* Phy. Rev. Lett. **106**, 080801 (2011).
52 T. Aoyama, *et al.,* Phys. Rev. Lett. **109**, 111807 (2012).

다. 그중에는 α 값이 시간적으로 변할지 여부에 대한 것도 있다. 이것에 대해서는 제5장에서 자세히 설명한다.

(3) 보어 반지름 a_0

보어의 원자 모델에서 전자는 원자핵을 중심으로 원 궤도를 따라 회전한다. 에너지가 높아지면 전자는 더 높은 궤도를 돌게 된다. 보어 반지름이란 전자의 에너지가 제일 낮은 상태(즉, 바닥상태)에 있을 때 전자의 궤도 반지름을 뜻한다. 다시 말하면 수소 원자의 가장 작은 궤도의 반지름을 말한다. 보어 반지름은 다음 관계식으로 표현된다.

$$a_0 = \frac{\alpha}{4\pi R_\infty} = \frac{4\pi\epsilon_0 \hbar^2}{m_e e^2} = \frac{\hbar}{m_e c \alpha}$$

위 식에서 보듯이 보어의 반지름은 전자의 질량, 기본 전하, 플랑크 상수 등으로 표현된다. a_0의 값은 대략 0.529×10^{-10} m, 즉 52.9 pm이고, 상대불확도는 α와 동일한 2.3×10^{-10}이다.

수소 원자에서 전자의 원 궤도를 양자역학적으로 계산하면 보어의 반지름은 최빈(most probable) 반지름에 해당된다. 이에 비해 기대(expected) 반지름은 보어 반지름의 약 1.5배로 길어진다. 양자역학이 성립된 이후 보어의 원자 모델은 더 이상 사용되지 않지만 보어의 반지름은 원자 내의 길이를 나타내는 단위로서 원자물리학에서 자주 사용된다. 제3장의 원자 단위계에서 이에 대해 다시 설명한다.

3.2 전자에 관한 상수

(1) 전자의 자기모멘트 μ_e, g-인자 g_e, 자기모멘트 비정상량 a_e

각운동량이 $\vec{L}$인 전자의 자기모멘트를 고전적으로 표현하면 다음과 같다.

$$\vec{\mu} = \frac{-e}{2m_e}\vec{L}$$

이 식에 상대론적 양자역학 인자(일명, g-인자)를 곱하여 다음과 같이 보정해야 한다.

$$\vec{\mu} = g\frac{-e}{2m_e}\vec{L} = -g\mu_B\frac{\vec{L}}{\hbar} \Rightarrow \frac{\vec{\mu}}{\mu_B} = -g\frac{\vec{L}}{\hbar}$$

여기서 g-인자는 무차원 양으로, 각운동량과 자기모멘트를 연결시키는 비례상수이다. 첫 번째 식의 두 번째 등호는 보어 마그네톤($\mu_B = e\hbar/2m_e$)을 이용하여 다시 쓴 것이다. 두 번째 식은 자기모멘트 $\vec{\mu}$가 보어 마그네톤(μ_B)을 단위로 양자화되어 있고, 각운동량 $\vec{L}$은 $\hbar$를 단위로 양자화되어 있음을 나타낸다. 위 식에서 각운동량이 전자의 스핀 운동량($\vec{S}$)일 경우 아래와 같이 쓸 수 있다.

$$\vec{\mu}_S = -g_S\mu_B\frac{\vec{S}}{\hbar}$$

여기서 스핀 g-인자인 g_S는 디랙(**Dirac**) 방정식에서 나오며 $g_S = 2$의 값을 갖는다.

이 g_S값과 스핀 운동량 $S = \hbar/2$을 위 식에 대입하면 전자의 스핀 자기모멘트가 되고, 이것은 곧 보어 마그네톤이다. 즉, $|\mu_S| = \mu_B$이다. 그런데 실제 전자의 g-인자는 정확히 2가 아니다.

실제 전자의 g-인자와 자기모멘트를 각각 g_e와 μ_e로 표기한다. g_e와 μ_e는 음의 부호를 가지며, g_e의 절대치는 2보다 약간 큰데, 2에서 벗어난 값을 '전자의 자기모멘트 비정상량'이라고 부르고 a_e로 표기한다. 다시 말하면 전자의 g-인자는 다음과 같이 정의된다.

$$g_e = -2(1 + a_e) = 2\mu_e/\mu_B$$

위 식에서 보는 것처럼 g_e값을 알면 μ_e/μ_B를 알 수 있다. 그러므로 이 두 값의 상대불확도는 동일하다.

한편 g_e값은 QED 이론에서 정확하게 계산할 수 있다. 실제로 g_e값은 실험 결과와 이론값을 맞추어 결정한다. 그렇기 때문에 g_e값의 불확도에는 실험과 이론의 불확도가 모두 포함되어 있다. CODATA-2014에 의하면 무차원 상수인 g_e는 다음 값을 가진다. 이 값은 기본상수들 중에서 가장 정확한데, 상대불확도는 2.6×10^{-13}이다.

$$g_e = -2.002\,319\,304\,361\,82(52)$$

그리고 μ_e/μ_B는 단위 없이 다음 값을 가지고, 상대불확도는 g_e와 동일하다.

$$\mu_e/\mu_B = -1.001\,159\,652\,180\,91(26)$$

이것을 μ_e에 대해서 표현하면 μ_B를 곱해야 하므로 μ_B의 불확도가 전파되어 상대불확도는 나빠진다. 즉, 아래값의 상대불확도는 6.2×10^{-9}이다.

$$\mu_e \simeq -928.476 \times 10^{-26} \text{ J T}^{-1}$$

앞의 식들에서 전자의 자기모멘트 비정상량 a_e는 다음 식으로 정의된다.

$$a_e = \frac{|g_e| - 2}{2} = \frac{|\mu_e|}{\mu_B} - 1$$

a_e 값의 측정은 전자를 페닝 트랩(Penning trap)에 포획하여 수행한다(참조: NOTE 2-8). 이 페닝 트랩은 액체 헬륨으로 냉각되어 있고, 강한 자장 B가 가해지고 있다. 이때 자기모멘트의 비정상량은 트랩 속에 있는 전자의 사이클로트론 주파수($f_c = eB/2\pi m_e$)와 스핀-플립 주파수($f_s = g_e\mu_B B/h$)를 측정하고, 두 주파수의 차이 $a_e = (f_s - f_c)/f_c$로 부터 구한다. 일단 a_e가 얻어지면 g_e와 μ_e는 위 식에서 구해진다. 한편 a_e값은 QED, 약력 기여, 강입자 기여를 반영한 이론으로 정확하게 계산할 수 있다.[53]

이 때문에 QED 이론의 가장 큰 업적으로 a_e 및 g_e값을 정확하게 예측했다는 것을 꼽기도 한다.

---

53   P.J. Mohr and B.N. Taylor, Rev. Mod. Phys. **77**, Jan. 2005, pp.84-86.

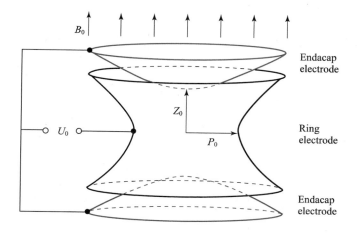

그림 2.7 페닝 트랩 구조도

NOTE 2-8 페닝 트랩(Penning trap)

페닝 트랩은 정 자기장과 교류 전기장으로 양성자나 전자와 같이 대전된 입자를 포획하는 장치이다. 페닝 트랩은 한스 드멜트(Hans G. Dehmelt)[54]가 처음 만든 것인데, 네덜란드의 물리학자 프란스 페닝(1894~1953)이 이와 비슷한 원리로 만든 진공 게이지에서 영감을 얻었다하여 그의 이름을 따서 붙였다.

페닝 트랩은 두 개의 엔드 캡 전극과 한 개의 링 전극으로 구성된다(참조: 그림 2.7). 링과 엔드 캡은 교대로 양극과 음극으로 바뀌면서 트랩 중심부에 사중극장(quadrupole field)을 형성한다. 그리고 링의 축방향으로 강한 자기장이 가해진다. 축방향의 자기장은 대전된 입자를 로렌츠 힘에 의해 지름 방향에서 붙잡아둔다. 그리고 사중극의 교류 전기장은 대전 입자를 축방향에서 붙잡아둔다. 이 두 가지 힘에 의해 입자들은 트랩의 중심부에서 사이클로트론 운동과 마그네트론 운동이 결합된 형태로 진동 및 회전하면서 포획된다(참조: 그림 2.8).

페닝 트랩은 전자, 양성자, 수소 원자 등의 질량을 정밀하게 측정하는 데 사용되었다. 최근에는 큐빗을 포획하여 양자컴퓨터를 만드는 연구에도 사용되고 있다.

---

54 한스 드멜트(1922~)는 독일에서 태어났고, 미국에서 주로 활동한 물리학자이다. 그는 1989년에 노벨물리학상을 공동 수상했는데, 그와 다른 방식의 이온 트랩을 만든 볼프강 파울과 상의 절반을 나누었고, 나머지 절반은 노먼 램지가 수상했다.

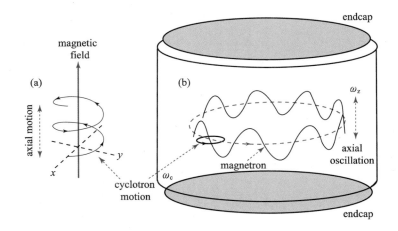

그림 2.8 페닝 트랩 중심부에서 이온의 운동

(2) 전자의 자기 회전 비율 γ_e

전자는 고유한 성질인 스핀을 가지고 있기 때문에 각운동량을 가지고, 또한 전하를 띠고 있으므로 자기모멘트를 가진다. 전자의 전하가 음의 부호를 가지므로 자기모멘트는 각운동량과 서로 반대 방향을 향한다. 여기서 스핀 각운동량에 대한 자기모멘트의 비를 '자기 회전 비율'이라 하고, 그리스 문자 감마(γ)로 표기한다. 이것을 앞에서 μ_e에 대해 전개한 식을 이용하여 표현하면 다음과 같다.

$$\gamma_e = \frac{|\mu_e|}{\hbar/2} = -\frac{g_e\,e}{2\,m_e}$$

여기서 $\mu_e = \dfrac{g_e\,\mu_B}{2}$, $\mu_B = \dfrac{e\hbar}{2m_e}$ 이다.

이 값이 중요한 이유는 라모(Larmor)[55] 축 돌기(세차 운동) 때문이다. 라모 축 돌기란 자기모멘트가 외부 자장을 받으면 두 양의 곱에 비례하는 토크를 받는데, 그 토크에 의해서 자기모멘트의 축이 외부 자장 방향을 중심으로 회

55 조셉 라모(1857~1942)의 이름에서 왔으며 그는 영국의 물리학자이자 수학자이다.

전하는 현상을 말한다. 이때 회전 주파수(라모 주파수)는 자장의 세기에 비례하는데, 그 비례상수가 바로 자기 회전 비율이다.

$$\omega = 2\pi f = -\gamma_e B$$

각주파수(ω) 대신에 주파수(f)를 쓰기도 하는데, $\gamma_e/2\pi$의 값도 CODATA에 보고되고 있다. 이들의 값과 단위는 다음과 같다.

$$\gamma_e \simeq 1.760 \times 10^{11} \ \mathrm{s}^{-1} \ \mathrm{T}^{-1}$$

$$\gamma_e/2\pi \simeq 28\,024.9 \ \mathrm{MHz} \ \mathrm{T}^{-1}$$

이 두 값의 상대불확도는 모두 6.2×10^{-9}이다.

그런데 위 식에서 보는 것처럼 라모 주파수는 자기모멘트가 외부 자장과 이루는 각도와는 무관하다. 이 사실은 핵자기공명(NMR)이나 전자 상자성공명(EPR)에서 아주 중요하다. 왜냐하면 라모 주파수는 스핀의 공간적 방향과는 무관하기 때문에 원자나 분자의 종류에 따라 또는 동위원소에 따라 특정 자장의 세기에서 주파수값이 고정되므로 분광학적 도구로 사용될 수 있기 때문이다. 다른 말로 하면, 특정 원자나 분자는 특정 자기 회전 비율을 가진다.

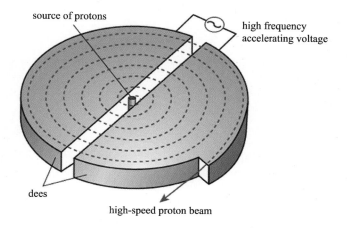

그림 2.9 사이클로트론 설명도

NOTE 2-9   **사이클로트론**(Cyclotron)

사이클로트론은 고주파의 전기장과 강한 자기장을 이용하여 양성자나 이온과 같이 대전된 입자를 가속시키는 장치이다. 최초의 사이클로트론은 미국의 어니스트 로렌스(Ernest Lawrence)[56]가 1932년에 만들었다. 그 후 몇 십 년 동안 사이클로트론은 고 에너지 이온빔을 만들어 핵물리학 실험에 사용되어왔다. 오늘날에는 암 치료에도 사용되고 있다.

사이클로트론은 진공 용기 속에 D 모양의 두 개의 금속판이 설치된다. D 모양의 금속판은 속이 비어있고, 직선 부분에 교류 전압을 가할 수 있도록 전극이 붙어있다. 그 위와 아래에는 정자장을 가하기 위해 전자석이 설치된다. 전자석의 크기는 균일한 자장을 가할 수 있도록 D 모양 금속판의 직경만큼 크다. D 모양 금속판의 중심 부분에서 공급된 이온은 자기장에 수직인 방향으로 로렌츠 힘을 받으면서 원운동을 하게 된다. 이온이 전극을 넘어가는 순간에 교류 전압의 극성이 바뀌면서 이온을 진행방향으로 가속시킨다. 이 과정이 반복되면서 이온은 나선모양으로 직경이 점점 커지는 원운동을 한다. 가속된 입자가 D 모양의 가장자리 부근에 왔을 때 작은 틈새를 통해 외부로 빠져나간다. 이 이온은 다른 물질에 충돌시켜서 핵반응 연구에 사용된다.

이온을 가속시키는 교류전압의 주파수는 이온의 사이클로트론 공진주파수 f_c와 일치해야 한다. 이온의 질량을 m, 전하량을 q, 가해진 자장의 세기(자기선속 밀도)를 B 라고 할 때 f_c는 다음과 같다.

$$f_c = \frac{qB}{2\pi m}$$

입자의 최종 운동 에너지는 D의 반경(R)과 자장의 세기에 의해 다음과 같이 결정된다.

$$E = \frac{q^2 B^2 R^2}{2m}$$

사이클로트론은 이온의 속력이 작아서 상대론 효과가 크지 않을 때 사용된다. 이온의 속력이 빛의 속력에 가까워지면 상대론 효과에 의해 질량이 커지기

(계속)

■ ■■
56   어니스트 로렌스(1901~1958)는 미국의 물리학자이며, 사이클로트론 입자가속기를 발명하고 응용한 공적으로 1939년에 노벨물리학상을 수상했다.

때문에 그에 따라 f_c는 줄어든다. 그것에 맞추어 사이클로트론에 가하는 교류 전압의 주파수를 바꿀 수 있게 만든 장치를 '싱크로 – 사이클로트론(synchrocyclotron)'이라고 한다.

(3) 전자 질량 m_e

전자 질량은 전자의 정지 질량, 즉 정지해 있는 전자의 질량을 뜻한다. 그런데 정지된 상태에서 전자의 질량을 측정하는 것은 불가능하다. 실제 측정은 전자가 움직이고 있는 상태에서 이루어진다. 그렇기 때문에 전자의 정지 질량을 구하려면 겉보기 측정값에서 전자의 속력 때문에 발생하는 특수상대론 효과에 의한 질량 상승분을 보정해야 한다.

킬로그램 단위의 전자 질량은 주로 다른 기본상수와의 관계식에서 계산되어 나온다. 예를 들면, 뤼드베리 상수 R_∞는 꽤 정확한 값이 알려져 있고, 전자 질량을 포함하는 관계식이 있기 때문에 다음 식에서 계산으로 전자 질량을 구할 수 있다.

$$R_\infty = \frac{m_e c \alpha^2}{2h} \Rightarrow m_e = \frac{2R_\infty h}{c \alpha^2}$$

위 식에서 상대불확도가 가장 큰 것은 플랑크 상수 h이기 때문에 전자 질량 값의 상대불확도는 h에 의해 결정된다. CODATA-2014에 의하면 그 값은 다음과 같다.

$$m_e \simeq 9.109 \times 10^{-31} \, \text{kg}$$

이 값의 상대불확도는 1.2×10^{-8}이다.

그런데 원자질량 단위 u로 측정된 전자 질량은 약 5.485×10^{-4} u이고, 상대불확도는 2.9×10^{-11}으로 킬로그램 단위보다 훨씬 정확하다. 전자를 원자질량 단위로 측정할 때는 전자를 페닝 트랩에 포획하고, 사이클로트론 주파수로부터 그 값을 구한다. 이것에 관해서는 제2장 4절의 물리화학 상수에서 전자의 상대 원자질량 $A_r(e)$에 관해 설명할 때 자세히 다룬다.

3.3 양성자에 관한 상수

양성자는 $+1e$의 기본전하를 가진 입자이고, 양성자와 중성자가 합쳐져 원자핵을 이룬다. 원소들마다 고유한 개수의 양성자를 가지고 있기 때문에 양성자 수가 곧 원자를 구분하는데 사용되는 원자번호이다. 예를 들면, 수소의 원자번호는 1인데, 양성자가 한 개 있다는 뜻이다. 그래서 수소 원자는 양성자 하나와 전자 하나로 이루어진 가장 단순한 원자이다. 수소에서 전자가 떨어져 나간 수소 이온이 곧 양성자이다. 그리고 수소는 중성자가 없기 때문에 수소 원자의 핵은 바로 양성자를 의미한다. 이것들은 모두 같은 것을 지칭한다. 단, 양성자와 수소 원자의 핵이란 말은 물리학에서 주로 사용하고, 수소 이온이란 말은 화학에서 주로 사용한다.

양성자라는 말은 러더퍼드가 처음 붙였다. 그는 원자핵 충돌 실험에서 질소로부터 수소의 원자핵이 만들어진다는 것을 발견했다. 그래서 양성자는 질소나 다른 원소를 만드는 기본 입자라는 것을 알았다. 그런데 현대물리학에서 양성자는 세 개의 쿼크와 그것들을 결합시키는 글루온으로 이루어져 있다는 것이 밝혀졌다.

양성자를 구성하는 쿼크의 정지 질량은 양성자 질량의 약 1 %를 차지한다. 글루온은 정지 질량이 0이다. 양성자 질량의 나머지는 쿼크의 운동 에너지에서 나온다. 양성자 질량을 측정하는 방법은 제2장 4절에 나오는 상대 원자질량에서 자세히 설명한다.

(1) 양성자의 rms[57] 전하 반지름 r_p

수소 원자는 가장 단순하기 때문에 역사적으로 물리학 기본 법칙의 연구에서 중요하게 사용되어 왔다. QED 이론은 수소 원자의 에너지 준위를 정확하게 계산해내는 데 사용되고 있다. 수소 원자의 특정 에너지 준위 사이의 전이 주파수는 양성자의 전하 반지름과 관련되어 있다. 다시 말해 QED 이론에서

---

57 제곱평균제곱근(root-mean-square)의 약자로서, $x_\mathrm{s} = \sqrt{\dfrac{x_1^2 + x_2^2 + \ldots + x_n^2}{n}}$ 이다.

양성자를 점으로 취급할 때와 일정한 크기를 가진 입자로 가정할 때 에너지 준위 간의 전이주파수가 달라진다. 이 관계를 이용하여 양성자 전하 반지름을 구한다.

이 방법 외에도 전자-양성자 산란 실험으로 양성자 전하 반지름을 구할 수 있다. 이런 데이터가 반영되어 얻어진 CODATA-2014에 의하면 $r_p =$ $0.8751(61) \times 10^{-15}$ m이다. 이 값의 상대불확도는 7.0×10^{-3}으로 다른 기본상수에 비해 아주 크다.

한편 스위스, 독일, 프랑스, 미국 등이 참여한 국제적인 연구팀이 2013년에 보고한 결과는 $r_p = 0.84087(39)$ fm, 상대불확도는 8×10^{-4}으로 한 차수 좋은 결과가 나왔다.[58] 이 값은 CODATA 값과 약 4 % 차이가 나는 것으로 꽤 큰 차이다. 그들은 전자 대신에 뮤온(muon)이 양성자 주위를 도는 수소(muonic hydrogen)를 만들어 양성자 전하 반지름을 측정하였다. 그들은 2S-2P 에너지 준위 사이의 램 이동(Lamb shift)을 레이저 분광실험으로 측정하여 이 값을 얻었다. (-) 전하를 가진 뮤온은 전자 보다 질량이 약 200배 무겁다. 그래서 뮤온을 가진 수소의 반지름은 보통 수소에 비해 약 200배 더 작다. 그로 인해 뮤온이 양성자의 크기에 더 민감하게 반응한다. 이렇게 구한 값이 CODATA와 차이가 나는 이유에 대해 과학자들 사이에서 논의가 진행되고 있다.

(2) 양성자 자기모멘트 μ_p

전자의 자기모멘트를 보어 마그네톤 μ_B을 기준으로 나타내듯이, 양성자나 중성자와 같은 핵자의 자기모멘트는 핵 마그네톤 μ_N으로 나타낸다. 핵 마그네톤은 다음과 같이 정의된다. 단, m_p는 양성자의 질량이고, e는 기본전하이다.

$$\mu_N = \frac{e\hbar}{2m_p}$$

이것을 이용하면 양성자의 자기모멘트는 다음과 같이 표현된다.

58 Aldo Antognini, *et al.*, Science **339**, 25 January 2013, pp.417-420.

$$\vec{\mu_\mathrm{p}} = g_\mathrm{p}\mu_\mathrm{N}\,\frac{\vec{I}}{\hbar} \;\Rightarrow\; \mu_\mathrm{p} = \frac{g_\mathrm{p}\mu_\mathrm{N}}{2}$$

여기서 $\vec{I}$ 는 양성자의 스핀 각운동량, g_p는 양성자 g-인자이다. 양성자의 스핀 각운동량은 $I=\hbar/2$이므로 양성자 자기모멘트는 오른쪽 식과 같이 표현된다.

과학자들은 μ_p가 대략 $1\,\mu_\mathrm{N}$의 값을 가질 것으로 예측했었다. 마치 전자의 μ_e가 대략 μ_B인 것처럼. 그러나 실제로 측정한 값은 약 $2.792\,\mu_\mathrm{N}$으로, 기대했던 것보다 훨씬 큰 값이 나왔다. 오토 슈테른(Otto Stern)[59]은 1933년에 양성자 자기모멘트가 예상보다 크다는 것을 처음 발견하였다. 한편 라비(I.I. Rabi)[60]는 핵자기 공명(NMR) 기술을 개발하여 중수소핵에서 양성자와 중성자의 자기모멘트를 측정했는데, 슈테른과 마찬가지로 양성자의 자기모멘트가 크다는 것을 확인했다. 이처럼 양성자 자기모멘트가 큰 값을 갖는 이유는 1960년대에 쿼크(quark) 모델이 만들어진 후에야 설명할 수 있었다.

2014년에 독일 물리연구소의 무서(A. Mooser) 등은 이중 페닝 트랩을 이용하여 양성자의 자기모멘트를 직접 측정하였다.[61] 그들은 첫 번째 페닝 트랩에서 양성자에 라디오 주파수(rf)를 가하여 스핀 양자 도약을 유도하고, 두 번째 트랩에서 유도된 스핀 전이를 검출해내는 방법으로 불확도가 개선된 $\mu_\mathrm{p}/\mu_\mathrm{N}$ 값을 얻었다.

CODATA-2014에 의하면 μ_p값은 다음과 같다.

$$\mu_\mathrm{p} \simeq 1.410\times10^{-26}\,\mathrm{J\,T^{-1}},\ \text{상대불확도}=6.9\times10^{-9}$$
$$\mu_\mathrm{p}/\mu_\mathrm{N} \simeq 2.792\ 847,\ \text{상대불확도}=3.0\times10^{-9}$$

(3) 양성자 g-인자 g_p, 양성자 자기 회전 비율 γ_p

앞에서 얻은 μ_p에 관한 식을 g_p에 대해 정리하면 아래와 같다.

---

59 오토 슈테른(1888~1969)은 독일 출신의 미국 물리학자로서, 양성자 자기모멘트를 측정하여 1943년에 노벨물리학상을 수상했다.
60 이시도르 라비(1898~1988)는 폴란드 출신의 미국 물리학자로, 핵자기 공명을 발견하여 1944년에 노벨물리학상을 수상했다.
61 A. Mooser, *et.al.*, Nature **509**, 596-599, 2014.

$$g_{\mathrm{p}} = \frac{2\mu_{\mathrm{p}}}{\mu_{\mathrm{N}}}$$

따라서 g_{p}의 값은 앞에서 구한 $\mu_{\mathrm{p}}/\mu_{\mathrm{N}}$으로부터 $g_{\mathrm{p}} \simeq 5.585\,694$가 된다. 이 값의 상대불확도는 $\mu_{\mathrm{p}}/\mu_{\mathrm{N}}$와 동일한 3.0×10^{-9}이다.

한편 양성자 자기모멘트 μ_{p}와 스핀 각운동량($\hbar/2$) 사이의 비례 상수를 '양성자 자기 회전 비율'이라고 하는데, 다음과 같이 표현된다.

$$\gamma_{\mathrm{p}} = \frac{2\mu_{\mathrm{p}}}{\hbar} = \frac{g_{\mathrm{p}}\mu_{\mathrm{N}}}{\hbar}$$

그런데 γ_{p}는 핵자기 공명(NMR)에서 핵자기 공명 주파수(f)와 외부에서 가한 자장(B) 사이의 비례 상수, 즉 $\omega = 2\pi f = \gamma_{\mathrm{p}} B$이기도 하다. CODATA-2014에 의하면 γ_{p}값은 다음과 같다.

$$\gamma_{\mathrm{p}} \simeq 2.675 \times 10^{8}\ \mathrm{s}^{-1}\,\mathrm{T}^{-1}, \ \text{상대불확도} = 6.9 \times 10^{-9}$$

$$\gamma_{\mathrm{p}}/2\pi \simeq 42.577\ \mathrm{MHz}\,\mathrm{T}^{-1}, \ \text{상대불확도} = 6.9 \times 10^{-9}$$

4 물리화학 상수

CODATA에서 물리화학 상수로 분류되어 있는 상수의 종류는 20여 개이다. 이 절에서는 그중에서 다음 8개에 대해서 알아본다. 즉, 아보가드로 상수 N_{A}, 패러데이 상수 F, 볼츠만 상수 k, 몰기체 상수 R, 원자질량 상수 m_{u}, 몰질량 상수 M_{u}, 전자의 상대 원자질량 $A_{\mathrm{r}}(\mathrm{e})$, 그리고 양성자의 상대 원자질량 $A_{\mathrm{r}}(\mathrm{p})$이다.

그런데 이 상수들은 수많은 입자로 구성된 계와 관련되어 있다. 수많은 입자란 예를 들면, 내 사무실 안에 있는 공기 입자의 수, 커피잔 속에 들어 있는 물 분자의 수와 같은 것이다. 이 입자수는 적어도 10^{24}개보다 많다. 입자들 하나하나에 관심을 가지고 그 상태나 운동을 기술하는 것을 '미시적 관점'이라 한다. 그런데 이렇게 많은 수에 대해서 이런 식의 접근은 거의 불가능하다. 그 대신에 이 입자들의 집단적 움직임, 즉 '거시적 관점'에서 그 현상을 이해하고 설명하는 것이 바로 통계역학이다.[62]

입자들의 집단 성질을 나타내는 물리량에는 압력(P), 부피(V), 온도(T) 등이 있다. 그런데 기체에서 이 물리량 사이에는 일정한 관계식이 성립한다는 것이 일찌감치 밝혀졌다. 1622년에 로버트 보일(Robert Boyle)[63]은 '보일의 법칙'을 발표했다. 그것은 기체의 부피와 압력은 온도가 일정할 때 서로 반비례한다는 것이다. 즉, 일정한 온도에서 부피가 커지면 압력은 줄어들고, 부피가 작아지면 압력은 커진다. 그 후 1787년경 자크 샤를(Jacques A.C. Charles)[64]은 기체의 압력이 일정할 때 부피는 온도에 비례하여 증가한다는 '샤를의 법칙'을 논문으로 작성했다. 샤를은 온도가 낮아지면 기체의 부피가 줄어드는데, 부피가 0이 되는 온도의 하한이 있음을 언급했다. 절대 0도의 개념은 이것에서 나온다.

보일의 법칙($PV=$일정)과 샤를의 법칙($V/T=$일정)은 합쳐져서 '보일 − 샤를의 법칙($PV/T=$일정)'이 되었다. 이것을 오늘날의 기본상수를 이용하여 표현하면 다음과 같다.

$$PV = nRT \quad \text{(이상 기체 방정식)}$$

이 식을 이상 기체(ideal gas) 방정식이라고 한다. 여기서 T는 절대온도이고 단위는 켈빈(K)이다. R은 T와 PV와의 관계식을 연결하는 비례 상수인데, '몰 기체 상수(molar gas constant)'라고 한다. n은 기체에 포함된 분자(또는 원자)의 몰수(mole number)이다.

위 식은 이상적인 기체의 거시적 현상을 표현하는 식이다. 역사적으로 거시적 현상에 대한 연구결과가 먼저 나타난 것은 자연스러운 일이다. 그런데

---

62 최무영, "최무영 교수의 물리학 강의"(책갈피, 2008), pp.327 – 340.

63 로버트 보일(1627~1691)은 영국의 화학자 겸 물리학자이며, 근대 화학의 기초를 세웠다.

64 자크 샤를(1746~1823)은 프랑스의 과학자인데, 그는 샤를의 법칙에 관한 논문을 작성하고는 발표하지 않았다. 1802년에 루이 게이뤼삭이 동일한 법칙을 발표할 때 그 논문을 인용하면서 알려졌다.

기체를 구성하는 입자들을 고려한 미시적 관점의 연구결과는 아보가드로수와 볼츠만 상수의 등장과 연관되어 있다.

아보가드로(Amedeo Avogadro)[65]는 1811년에 아보가드로 법칙을 발표했다. 그것은 일정한 부피 속에 들어 있는 입자의 개수는 기체의 온도와 압력이 같다면 기체의 종류(즉, 분자나 원자의 종류)에 상관없이 동일하다는 것이다. 그 법칙을 식으로 표현하면 다음과 같다.

$$PV = NkT = (nN_A)kT \text{ (아보가드로 법칙)}$$

여기서, N은 기체를 구성하는 입자의 수이고, k는 볼츠만 상수이다.

앞의 두 식에서 몰수 n이 1일 때 기체의 분자수가 바로 아보가드로 상수 (N_A)이다. 그리고 이 식들은 모두 이상 기체에 관한 상태 방정식이다. 다시 말하면 기체를 구성하는 분자들이 아주 가볍고, 분자 자신의 부피는 무시할 수 있으며, 분자들은 탄성 충돌 외에는 다른 상호작용을 하지 않는다고 가정했을 때 잘 맞는다. 이 조건을 만족시키려면 기체의 온도가 아주 높거나 압력이 아주 낮아야 한다. 그리고 분자의 극성이 없어야 하고, 분자량이 작을수록 잘 맞는다. 이상 기체에서 벗어나는 경우에는 반데르발스(van der Waals) 상태 방정식을 적용해야한다.

4.1 아보가드로 상수 N_A, 패러데이 상수 F

아보가드로 상수[66]는 처음에는 아보가드로 수(number)였다. 그 이름이 상수(constant)로 공식적으로 바뀐 것은 1971년에 국제단위계에서 기본단위의 하나인 몰(기호: mol)을 도입하면서부터이다. 몰은 '물질의 양(amount of substance)'을 나타내는 단위로서, 현재의 정의는 "탄소-12의 0.012킬로그램에 들어 있는 원자의 개수와 같은 수의 구성요소를 갖는 어떤 계의 물질량'

---

65 아메데오 아보가드로(1766~1856)는 이탈리아의 물리학자 겸 화학자이다. 그는 물, 질산, 암모니아 등의 분자식을 제시했고, 일부 금속의 원자량도 계산했다.
66 아보가드로 상수라는 명칭은 1909년에 프랑스의 물리학자인 장 페랭이 제안하면서부터 사용되었다.

으로 되어있다.

아보가드로 상수가 단순한 '수'일 때는 단위가 없기 때문에 무차원이지만, 몰의 정의에서처럼 탄소-12 원자의 0.012킬로그램에 들어 있는 원자의 개수가 되면서 mol^{-1}의 단위를 가지게 되었다.

아보가드로 상수는 다른 여러 기본상수들과 관계를 가지고 있다.

우선 앞에서 본 두 개의 이상 기체 상태 방정식에서 몰기체 상수(R)와 아보가드로 상수(N_A)는 볼츠만 상수(k)와 함께 다음의 관계가 있다.

$$R = kN_A$$

한편, 기본전하 1 몰이 가진 전하량을 '패러데이 상수'라 부르고 기호로는 F로 표기하는데, 아보가드로 상수와는 다음의 관계가 있다.

$$F = N_A e$$

여기서 e는 기본전하이다. 전하량의 단위는 쿨롬(기호: C)이므로, 패러데이 상수는 $C\,mol^{-1}$의 단위를 가진다.

이 양은 마이클 패러데이(Michael Faraday)[67]가 전기분해 실험 결과를 발표했던 1834년에 이미 알려져 있었다. 따라서 기본전하 1 몰이 갖는 전하량(F)을 기본전하(e)로 나누면 아보가드로 상수(N_A)가 된다.

이것을 정밀하게 구현하는 방법으로 은(Ag)을 전기분해하는 은 쿨로미터(Ag coulometer)가 있다. 미국 NIST에서는 1960년에 이 방법으로 패러데이 상수와 아보가드로 상수를 결정하는 연구를 시작했고, 20년 이상 연구를 통해 더욱 정교한 실험으로 발전시켰다.[68]

이 실험에서는 전기 분해에서 일정한 전류(I)를 일정한 시간(t)동안 흘렸을 때 양극으로 사용된 은 막대의 질량의 변화량(m_d)을 잰다. 그런데 은은 1가의 원자가를 가지므로 전기 분해에 의해 은 원자 하나는 한 개의 은 이온(+)과 한 개의 전자(−)로 분리된다. 그러므로 전기 분해에 의해 은 이온으

---

67 마이클 패러데이(1791~1867)는 영국의 물리학자이자 화학자이며, 전자기 유도, 전기 분해 등 전자기학과 전기화학 분야의 발전에 크게 기여했다.

68 P.J. Mohr and B.N. Taylor, Rev. Mod. Phys., **72**(2), 2000, pp.407−409.

로 변한 양, 즉 은의 질량 감소량을 재면 은에서 전자가 얼마나 많이 발생했는지 알 수 있다. 전기 분해 동안 감소한 질량을 은의 몰질량[69](M)으로 나눈 값(m_d/M)이 전자의 몰수 n이고, 그동안 흐른 전하량은 $Q = It$이다. 그러므로 패러데이 상수는 $F = N_A e = \dfrac{eN}{N/N_A} = \dfrac{Q}{n} = \dfrac{It}{m_d/M}$ 식에서 구해진다.

이 실험은 고순도의 은을 사용해야 하고, 은의 동위원소 비율을 정확히 알아야 하며, 흐른 전기량을 정확하게 측정하는 것이 패러데이 상수의 불확도 결정에 중요한 영향을 미친다.

아보가드로 상수를 결정하는 또 다른 방법으로 전자의 질량을 측정하는 방법이 있다. 즉, 전자의 정지 질량(m_e)과 전자의 몰질량($A_r(e)M_u$)의 비로부터 아보가드로 상수를 결정한다.

$$N_A = \frac{A_r(e)M_u}{m_e}$$

여기서 $A_r(e)$는 전자의 상대 원자질량(relative atomic mass)이고, M_u는 몰질량 상수로서 $1 \times 10^{-3}\,\text{kg mol}^{-1}$이다. 상대 원자질량이란 원자질량 상수에 대한 임의의 원자질량의 비를 말한다. 이것에 대해서는 뒤에서 별도로 자세히 설명한다.

N_A 값을 결정하기 위해서는 $A_r(e)$와 m_e를 알아야 한다. m_e의 경우는 뤼드베리 상수 및 미세구조 상수와의 관계식에서 구한다. 즉, $m_e = 2R_\infty h/c\alpha^2$에서 얻어지는데, m_e의 상대불확도는 식의 구성 요소 중 불확도가 가장 큰 h에 의해 결정된다. CODATA-2014에 의하면 m_e와 h의 상대불확도는 1.2×10^{-8}이다. 그 결과 N_A의 상대불확도 1.2×10^{-8}이다.

한편, 전자의 상대 질량 $A_r(e)$를 구하는 방법으로, 페닝 트랩(Penning trap)으로 전자나 이온을 포획하는 방법을 사용한다. 페닝 트랩은 3개의 전극으로 구성되어 있으며 4극의 전기장과 강한 자기장을 가하여 전자나 이온을 포획한다.[70] 페닝 트랩에 포획된 이온은 궤도상에서 사이클로트론 주파수로 운동

---

69 몰질량이란 1 몰이 가지는 질량을 의미하며, 원자나 분자인 경우 원자량 또는 분자량과 동일하다.
70 참조: 제2장의 그림 2.7 및 NOTE 2-8

한다(참조: NOTE 2-9). 그런데 사이클로트론 주파수는 가해진 자기장의 세기와 이온의 질량에 대한 전하량(q/m)에 따라 달라진다. 따라서 일정한 자기장 하에서 전자와 이온(예를 들면, $^{12}C^{+6}$: 탄소-12 원자에서 전자를 모두 떼어낸 것)을 각각 포획하고, 두 주파수를 비교함으로써 전자의 몰질량을 구할 수 있다.[71]

아보가드로 상수를 구하는 가장 현대적인 방법은 엑스선 결정학을 이용하는 것이다. 이 방법을 흔히 XRCD(X-Ray Crystal Density) 방법이라고 부른다. 오늘날 상업용 시설에서 고순도 실리콘 단일 결정을 키우는 것이 가능하다. 실리콘은 세 가지의 안정된 동위원소(^{28}Si, ^{29}Si, ^{30}Si)가 있는데, 이 중에서 ^{28}Si가 99.94 % 이상 농축된 것을 사용한다. 실리콘 결정에 포함된 이 동위원소들의 비율을 잘 알아내는 것이 아보가드로 상수의 불확도를 결정하는 데 큰 영향을 미친다. 이 결정을 공 모양으로 가공하는데, 구로 만드는 것은 크기 측정이 쉽고, 표면에 형성되는 약 2 nm 두께의 산화막의 효과를 최소화할 수 있기 때문이다. 그 후 실리콘의 몰 부피(V_{mol})와 원자 부피(V_{atom})를 측정하고, 그 비로부터 아보가드로 상수를 구한다. 즉, $N_A = V_{mol}/V_{atom}$ 의 관계에서 구한다.

그런데 실리콘의 몰 부피(V_{mol})는 실리콘-28의 몰질량을 밀도(ρ)로 나눔으로써 얻어진다.[72] 한편, 실리콘의 밀도는 실리콘 구의 부피(V_{sphere})와 구의 질량(m_{sphere})을 측정하여 $\rho = m_{sphere}/V_{sphere}$의 관계로부터 얻어진다. 구의 부피를 구하기 위해 실리콘 구의 반경을 레이저 간섭계로 측정하는데, 원자층 한 겹의 두께에 해당하는 약 0.3 nm의 불확도로 알아내는 것이 가능하다. CODATA-2014에 나온 실리콘의 몰 부피(V_{mol})는 대략 12.058×10^{-6} $m^3 mol^{-1}$이고, 상대불확도는 5.1×10^{-8}이다.

그리고 실리콘의 원자 부피(V_{atom})는 실리콘 결정의 단위 셀의 부피(V_{cell})를 셀을 구성하는 원자수로 나눔으로써 얻어진다. 실리콘 단위 셀은 8개의

---

71   P.J. Mohr, *et al.,* Rev. Mod. Phys., **77**(1), 2005, p.14.

72   독일 PTB에서 2015년에 측정한 실리콘 구의 몰질량은 27.976 970 13(12) g/mol 이다(참고문헌: Y. Azuma, *et al.*, Metrologia **52**, 360-375, 2015).

원자들이 입방체를 구성하고 있으므로 단위 셀의 부피는 셀의 한 변의 길이 a를 세제곱한 것과 같다. 그런데 a는 실리콘의 격자간격(lattice spacing) d_{220} (Si)과 $a = \sqrt{8}\,d_{220}$(Si)의 관계가 있다. 여기서 d_{220}(Si)의 값은 엑스선 간섭계로 측정하여 얻는다. CODATA-2014에 의하면, 그 값은 대략 192.0 ppm이고 상대불확도는 1.6×10^{-8}이다. 따라서 $V_{\text{atom}} = V_{\text{cell}}/8 = (\sqrt{8}\,d_{220})^3/8$로부터 얻어진다. 결론적으로, 아보가드로 상수는 실리콘의 몰 부피와 실리콘의 격자간격으로부터 $N_{\text{A}} = V_{\text{mol}}/(2\sqrt{2}\,d_{220}^3)$ 식에서 얻어진다.

아보가드로 상수와 플랑크 상수와의 관계식에 위 식을 대입하면 플랑크 상수는 다음과 같이 표현된다.

$$h = \frac{c\alpha^2 A_{\text{r}}(\text{e})M_{\text{u}}}{2R_\infty N_{\text{A}}} = \frac{c\alpha^2 A_{\text{r}}(\text{e})M_{\text{u}}}{R_\infty}\frac{\sqrt{2}\,d_{220}^3}{V_{\text{mol}}(\text{Si})}$$

단, c, α, R_∞는 각각 진공에서의 빛의 속력, 미세구조상수, 뤼드베리 상수이다.

국제적으로 플랑크 상수를 구함으로써 기존의 질량의 정의를 바꾸려는 노력이 진행되고 있다. 그 방법 중 한 가지로 아보가드로 상수를 정확히 알아내고, 위 식을 통해 플랑크 상수를 결정한다. 이를 위해 국제 아보가드로 연구팀(IAC)에 의한 공동연구 프로젝트가 1990년대 초부터 시작되었다. 여기서 얻은 플랑크 상수값은 와트 저울에서 얻은 것과 함께 최종값을 결정하는데 사용될 것이다.

4.2 볼츠만 상수 k, 몰기체 상수 R

볼츠만(L. Boltzmann)[73]의 기체 운동론(kinetic theory)은 기체를 구성하는 입자들의 운동 때문에 기체의 거시적 성질인 압력, 온도, 부피 등의 현상이 나타나는 것으로 기술한다. 이 이론에 의하면 기체의 압력(P)이란 서로 다

---

73 루트비히 볼츠만(1844~1906)은 오스트리아의 물리학자로서, 기체분자운동론을 포함한 고전 통계역학을 정립했다.

른 속도로 움직이고 있는 입자들이 용기의 벽에 가하는 충격으로 인해 생기는 것이다. 이것을 식으로 정리하면 다음과 같다.

$$P = \frac{nm\overline{v^2}}{3}$$

여기서 m은 입자의 질량, n은 입자들의 개수 밀도(number density)로서 전체 입자수를 용기의 부피로 나눈 값($n = N/V$)이다. $\overline{v^2}$는 N개 입자들의 속력 제곱의 평균이다.

그런데 이 식을 이상 기체 방정식($PV = NkT$)과 비교하면 $kT = m\overline{v^2}/3$이 유도된다. 이 식을 다시 쓰면 다음과 같다.

$$\frac{1}{2}mv_r^2 = \frac{3}{2}kT$$

단, v_r는 기체 분자의 제곱평균제곱근(rms) 속력[74]이며 $v_r^2 = \overline{v^2}$이다. 그리고 k는 볼츠만 상수이다.

위 식의 왼쪽은 운동 에너지를 나타낸다. 따라서 열적 평형상태에 있는 계의 온도 T는 그 계를 구성하는 입자들의 운동 에너지에 의존한다는 것을 보여 준다. 그런데 볼츠만이 활동하던 시기에는 아직 원자나 분자의 실재에 대해 과학자들 사이에 동의가 이루어져 있지 않았었다. 그래서 그가 주장한 이론은 그 당시에 많은 과학자들 사이에서 논쟁의 대상이었고, 제대로 인정받지 못했다.

볼츠만이 죽은 후 몇 년 뒤에 장 페랭(Jean B. Perrin)[75]이 콜로이드 용액에서의 브라운 운동 연구를 통해 아보가드로수를 확인하였다. 그 결과 원자나 분자가 실제로 존재한다는 사실을 과학계는 받아들이게 되었고, 볼츠만의 연구결과도 인정받게 되었다.

---

74 제곱평균제곱근(rms) 속력은 $v_r = \sqrt{\dfrac{v_1^2 + v_2^2 + \ldots + v_n^2}{n}}$ 으로 정의된다.

75 장 바티스트 페랭(1870~1942)은 프랑스의 물리학자이며 화학자로서 철학적 논쟁거리였던 원자론을 실험으로 증명했고, 1926년에 노벨물리학상을 수상했다.

한편 볼츠만 상수는 볼츠만이 직접 도입한 것이 아니라 막스 플랑크가 1900년 초에 그의 흑체복사이론을 유도할 때 처음으로 도입했다. 그가 계산한 값은 실제값($k \simeq 1.380 \times 10^{-23} \, \mathrm{J \, K^{-1}}$)보다 약 2.5 % 작았다.

이상 기체 상태 방정식에서 유도된 결과에서 보는 것처럼 볼츠만 상수(k)는 몰기체 상수(R) 및 아보가드로 상수(N_A)와 $k = R/N_A$의 관계가 있다. 따라서 둘 중 한 가지를 구하면 다른 한 가지는 아보가드로 상수와의 관계로부터 자연적으로 결정된다.

볼츠만 상수 또는 몰기체 상수를 구하는 방법은 여러 가지가 있다. 예를 들면, 음향기체 온도측정법(acoustic gas thermometry), 유전상수 기체 온도측정법(dielectric-constant gas thermometry), 존슨잡음 온도측정법(Johnson noise thermometry) 등이다. 이 중에서 음향기체 온도측정법이 가장 많이 사용되고 있다. 그런데 국제도량형위원회(CIPM) 산하 온도자문위원회(CCT)에서는 볼츠만 상수값을 결정하기 위해선 근본적으로 다른 두 가지 이상의 방법을 사용할 것을 권고하고 있다.[76] 그래서 서로 다른 방법으로 측정하는 것이 필요하다. 여기서는 음향기체 온도측정법에 대해서만 간략히 설명한다.

이 측정법은 구형의 공동(cavity) 속에 불활성 기체를 흘려보내고, 일정한 온도를 유지할 때 기체 안에서 음파의 속력(u_0)이 열역학적 온도(T)와 기체의 몰질량(M)에 따라 다음 식과 같이 달라지는 특성을 이용한다.

$$u_0 = \sqrt{\frac{\gamma R T}{M}}$$

여기서 $\gamma = C_P / C_V$로서 단열 지수이고, C_P와 C_V는 각각 정압 비열, 정적 비열이다.

위 식은 이상 기체에 적용되는 식으로서, 기체의 압력이 아주 낮은 경우에 근접한 결과를 얻을 수 있다. 공동은 물의 삼중점($T_{\mathrm{TPW}} = 273.16 \, \mathrm{K}$) 근처에서 온도를 아주 일정하게(0.1 mK 수준) 유지하기 위해 항온 수조 속에 들어 있다. 그리고 공동 속으로 순도가 아주 높은 헬륨이나 아르곤을 흘려보낸다.

76 J. Fischer, Metrologia **52** (2015) S364 – S375.

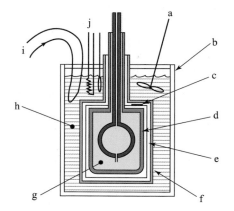

a. stirring propeller
b. Dewar
c. heater
d. pressure vessel
e. radiation shield
f. vacuum vessel
g. Ar or He gas
h. water + ethylene glycol bath
i. cooler
j. heater

그림 2.10 음향기체온도계(AGT)의 공동(cavity) 부분 개략도
(출처: Laurent Pitre, *et al.*, Int. J. Thermophys (2011) 32: p.1837.)

이 기체는 공동에 주입되기 전에 콜드 트랩(cold trap)을 통과시켜서 기체 속에 포함된 불순물을 제거한다.

기체에서의 음파의 속력은 공동에 음파를 주입할 때 공동에서 발생하는 공명 모드 주파수로부터 계산할 수 있다.[77] 공명 모드 측정을 위해 공동 속에 마이크로폰을 설치한다. 공동은 구리나 스테인레스 스틸을 이용하여 구 모양으로 만든다. 구의 반경 및 부피는 음파의 속력과 직접 관련되기 때문에 이것을 정확히 측정하는 것이 중요하다. 이를 위해 마이크로파를 공동에 주입하고 마이크로파 공진 모드의 주파수로부터 반경을 구한다. 그런데 구를 완전한 구로 만드는 것이 어렵고, 또 완벽하더라도 반구 두 개를 결합했을 때 틈새 등으로 인해 마이크로파 모드가 불명확해지는 문제가 생긴다. 그래서 구의 세 축의 반경을 조금씩 다르게 한 준(quasi) 구 형태로 만듦으로써 모드를 확실하게 분리하여 모드 주파수를 정확히 결정하기도 한다.

기체의 압력을 바꾸어가면서 음파의 속력을 구하고, 외삽법에 의해 압력이 0일 때 음파의 속력 u_0를 결정한다. 온도가 물의 삼중점에 고정되어 있을 때 u_0와 몰기체 상수 R 사이에는 다음과 같은 관계가 성립한다.[78]

77   M. Podesta, *et al.* Metrologia **50** (2013), pp.354-376.
78   P.J. Mohr, *et al.* Rev. Mod. Phys. **84**(4), 2012, p.1564.

$$R = \frac{A_r(X) M_u u_0^2}{\gamma\, T_{TPW}}$$

여기서 $A_r(X)$는 헬륨이나 아르곤의 상대 분자량, M_u는 몰질량 상수이다.

그런데 헬륨이나 아르곤은 동위원소가 있으므로, 그 비율을 정확히 알아야만 위 식에서 $A_r(X)$를 정확히 구할 수 있고, 그에 따라 R값 또는 k값을 정확히 결정할 수 있다. 한국표준과학연구원의 양인석 등은 아르곤의 몰질량을 정확히 측정함으로써 볼츠만 상수값의 불확도를 개선하는 데 큰 기여를 했다.[79] CODATA-2014에 의하면 $R = 8.314\ 459\ 8(48)\ \mathrm{J\,mol^{-1}\,K^{-1}}$, $k \simeq 1.380 \times 10^{-23}\ \mathrm{J\,K^{-1}}$이다. 이들의 상대불확도는 모두 5.7×10^{-7}이다.

볼츠만 상수는 기체의 온도와 기체를 구성하는 분자의 운동 에너지를 연결하는 상수이다. 현재 물의 삼중점으로 정의되어 있는 온도의 정의는 2018년에 볼츠만 상수를 기준으로 바뀔 것이다. 그렇게 되면 볼츠만 상수는 불확도 0인 값을 갖게 된다.

한편, 음향기체 온도계는 지금은 볼츠만 상수를 측정하는데 사용되지만, 2018년 이후에는 온도측정을 위한 일차 온도계(primary thermometer) 역할을 할 것이다. 이 온도계 외에도 볼츠만 상수를 측정할 수 있는 방법이면 무엇이든 일차 온도계로 사용될 수 있다.

4.3 원자질량 상수 m_u, 몰질량 상수 M_u

원자질량 상수는 결합 없이 바닥상태에 있는 정지된 탄소-12 원자질량의 1/12로 정의된다. 이것은 원자질량 단위인 1 u와 같은 값을 가진다. 이것들을 기호로 표기하면 다음과 같다.

$$m_u = \frac{1}{12} m(^{12}C) = 1\ \mathrm{u}$$

원자질량 단위는 SI 단위는 아니지만 원자물리에서의 편리성 때문에 사용

79 Inseok Yang, *et al.*, Metrologia **52** (2015), S394–S409.

을 허용하고 있다.

한편, 어떤 원자 X의 상대 원자질량 $A_r(X)$란 그 원자의 질량 $m(X)$을 원자질량상수로 나눈 값을 말한다. 이것은 몰질량을 몰질량 상수로 나눈 값과 같다. 즉,

$$A_r(X) = \frac{m(X)}{m_u} = \frac{M(X)}{M_u}$$

여기서 $M(X)$는 어떤 원자 X의 몰질량이고, M_u는 몰질량 상수로서 1×10^{-3} kg mol^{-1}로 정의되어 있다.

그러므로 X 원자의 질량은 $m(X) = A_r(X)m_u$이고, 몰질량은 $M(X) = A_r(X)M_u$이다. 탄소-12 원자의 경우 원자의 질량과 몰질량은 다음과 같다.

$$m(^{12}C) = A_r(^{12}C)m_u = 12m_u = 12 \text{ u}$$
$$M(^{12}C) = A_r(^{12}C)M_u = 12 \times 10^{-3} \text{ kg mol}^{-1}$$

그런데 아보가드로 상수는 원자질량에 대한 몰질량의 비로 정의되므로, 탄소-12에 대해 표현하면 다음과 같다. 여기서 몰질량 상수의 단위는 kg mol^{-1}이고, 원자질량 상수의 단위는 kg이다.

$$N_A = \frac{M(^{12}C)}{m(^{12}C)} = \frac{A_r(^{12}C)M_u}{12m_u} = \frac{M_u}{m_u} = \frac{1 \times 10^{-3}}{m_u} \text{ mol}^{-1}$$

그러므로 $m_u = 1/N_A$ 그램이다. 다시 말하면 아보가드로 상수의 역수가 그램(g) 단위로 표현되는 원자질량 상수가 된다. $m_u \approx 1.660 \times 10^{-27}$ kg이고, 이 값의 상대불확도는 아보가드로 상수와 같은 1.2×10^{-8}이다.

4.4 전자의 상대 원자질량 $A_r(e)$, 양성자의 상대 원자질량 $A_r(p)$

전자의 상대 원자질량은 전자의 정지 질량을 원자질량 상수로 나눈 값을 말한다. 즉, $A_r(e) = m_e/m_u$이다. 이것은 전자의 질량을 원자질량 단위인 u로 측정한 값과 같다.

전자처럼 전하를 가진 입자(또는 이온)의 질량은 페닝 트랩 질량분석기를 이용한다. 제2장의 NOTE 2-9에서 설명한 것처럼 전하 q를 띤 입자의 사이클로트론 주파수 f_c는 입자의 전하량에 비례하고 질량 m에 반비례한다. 즉, $f_c = qB/(2\pi m)$이다. 그런데 f_c의 측정불확도에 영향을 가장 크게 미치는 것은 외부자장의 세기(B)인데, 그 값이 표류하거나 쉽게 변한다. 그래서 이 영향을 줄이기 위해 페닝 트랩에 전자 또는 다른 이온을 교대로 포획하고, 이두 가지 사이클로트론 주파수의 비를 구하는 방식으로 전자의 질량을 구한다. 이것을 좀 더 자세히 설명하면 다음과 같다.

탄소-12 원자의 원자번호는 6이다. 이것은 탄소-12 원자의 핵에 양성자가 6개 있다는 의미이다. 그러므로 중성의 탄소 원자는 6개의 전자를 가지고 있고, 이 전자를 모두 제거한 탄소-12 이온은 +6가의 전하를 띤다. 이 이온은 곧 탄소-12에서 전자가 모두 제거된 원자핵이다. 이 이온 ($^{12}C^{+6}$)의 질량과 상대 원자질량을 각각 $m(^{12}C^{+6})$, $A_r(^{12}C^{+6})$로 나타내면, 페닝 트랩에 포획된 이 이온의 사이클로트론 주파수는 다음과 같이 표현된다.

$$f_c(^{12}C^{+6}) = \frac{6\,e\,B}{2\pi\,m(^{12}C^{+6})}$$

여기서 B는 외부에서 가하는 자장의 세기이다.

위 식을 이용하여 탄소-12 원자핵과 전자의 사이클로트론 주파수 ($f_c(e) = eB/2\pi m_e$)의 비를 구하면 다음과 같이 표현된다.

$$\frac{f_c(^{12}C^{+6})}{f_c(e)} = \frac{6\,m_e}{m(^{12}C^{+6})} = \frac{6\,A_r(e)}{A_r(^{12}C^{+6})} \quad \text{(사이클로트론 주파수비)}$$

실제 실험에서 외부 자기장의 세기는 표류하고 또 요동하기 때문에 이에 대한 대책이 필요하다. 그래서 표류하는 정도를 알 수 있을 만큼 오래 측정하고(이후 표류값을 보정함), 단기적 요동을 없애기 위해 측정을 여러번 한 후에 평균값을 구한다. 이를 위해 며칠 동안 지속적으로 측정하는 것이 필요하다. 그리고 전자 하나를 포획하여 사이클로트론 주파수를 알아내는 것은 신호의 크기가 작아 분해능의 한계가 있기 때문에 여러 개(5~13개)의 전자를 동시에 포획하여 주파수를 측정한다.

한편, 중성 원자는 원자핵과 전자로 구성되어 있으므로, 중성 원자 X의 질량은 원자핵 N의 질량과 전자들의 총 질량을 더하여 구할 수 있다. 단, 이것들의 결합 에너지(binding energy)의 등가 질량을 빼야 한다. 결합 에너지는 전자를 하나씩 떼어내는데 필요한 이온화 에너지의 총합과 같다. 결과적으로, 식으로 표시하면 다음과 같다.

$$m(\mathrm{X}) = m(\mathrm{N}) + Z\,m_\mathrm{e} - E_\mathrm{b}(\mathrm{X})/c^2$$

여기서 Z는 원자번호이고(전자 개수와 동일), E_b는 결합 에너지, c는 진공에서의 빛의 속력이다. 위 식을 앞의 탄소-12에 대해 적용하면 다음과 같다.

$$m(^{12}\mathrm{C}) = m(^{12}\mathrm{C}^{+6}) + 6\,m_\mathrm{e} - E_\mathrm{b}(^{12}\mathrm{C})/c^2$$

이 식에서 원자질량 상수 m_u로 각 질량들을 나누면 다음 식과 같이 된다.

$$A_\mathrm{r}(^{12}\mathrm{C}) = A_\mathrm{r}(^{12}\mathrm{C}^{+6}) + 6A_\mathrm{r}(\mathrm{e}) - E_\mathrm{b}(^{12}\mathrm{C})/m_\mathrm{u}c^2$$

(탄소-12의 상대 원자질량 식)

위 식에서 탄소-12의 상대 원자질량 $A_\mathrm{r}(^{12}\mathrm{C})$는 정의에 의해 정확히 12이다. 그리고 마지막 항의 결합 에너지는 kg 단위의 전자의 질량에 미치는 영향이 마지막 두 자리 정도인 10^{-7} 수준이다. 또한 이 값은 계산에 의해 이미 구해져 있으며 계산값의 불확도는 거의 무시할 수 있다고 알려져 있다. 따라서 위 식을 $A_\mathrm{r}(\mathrm{e})$에 대해 정리하고, 앞에서 측정한 사이클로트론 주파수비를 이용하면 $A_\mathrm{r}(\mathrm{e})$를 알 수 있다.[80]

$A_\mathrm{r}(\mathrm{e})$는 곧 원자질량 단위 u로 측정한 전자의 질량이다. 그러므로 $A_\mathrm{r}(\mathrm{e})$에 원자질량 상수 m_u를 곱하면 kg 단위로 나타낸 전자의 질량이 된다. 따라서 전자의 질량 m_e는 m_u값의 상대불확도($=1.2 \times 10^{-8}$)의 영향을 받는다.

CODATA-2014에 의하면 전자의 질량과 상대불확도는 아래와 같다. 여기서 u 단위로 나타낸 전자 질량의 상대불확도가 더 작다. 그리고 kg 단위의

80 P.J. Mohr, *et al.*, Rev. Mod. Phys. **72**(2), April 2000, pp.364 – 367.

m_e의 상대불확도는 m_u의 상대불확도와 동일하다는 것을 알 수 있다.

$$m_e \simeq 9.109 \times 10^{-31} \text{ kg, 상대불확도} = 1.2 \times 10^{-8}$$

$$m_e \simeq 5.485 \times 10^{-4} \text{ u, 상대불확도} = 2.9 \times 10^{-11}$$

양성자 질량을 측정하는 방법도 전자와 거의 비슷하다. 단, 여기서는 탄소-12에서 +4가의 원자핵인 $^{12}C^{+4}$와 양성자를 각각 페닝 트랩 질량분석기에 포획하여 사이클로트론 주파수를 측정하고 그 비를 구한다. 이것을 식으로 표현하면 다음과 같다.

$$\frac{f_c(p)}{f_c(^{12}C^{+4})} = \frac{m(^{12}C^{4+})}{4m_p} = \frac{A_r(^{12}C^{4+})}{4A_r(p)}$$

이 실험에서는 탄소-12 원자에서 4개의 전자를 제거한 이온을 사용하기 때문에 앞에서 나온 탄소-12의 상대 원자질량식과 일부 다르다.

$$A_r(^{12}C) = A_r(^{12}C^{+4}) + 4A_r(e) - \frac{E_b(^{12}C) - E_b(^{12}C^{4+})}{m_u c^2}$$

여기서 $E_b(^{12}C^{+4})$는 $^{12}C^{+4}$ 이온의 결합 에너지로서 기존에 알려진 데이터를 이용한다.

위 식을 $A_r(^{12}C^{+4})$에 대해 정리하고, 사이클로트론 주파수비의 식에 대입하여 정리하면 다음과 같다.

$$\frac{m(^{12}C^{4+})}{4m_p} = \frac{12 - 4A_r(e) + [E_b(^{12}C) - E_b(^{12}C^{4+})]/m_u c^2}{4A_r(p)}$$

위 식에서 좌변은 사이클로트론 주파수 비를 측정하여 알 수 있다. 우변에서 결합 에너지 등은 이론적으로 계산된 데이터를 이용한다. 이것으로부터 양성자의 상대 원자질량 $A_r(p)$를 구할 수 있고, 이 값에 m_u를 곱하여 kg 단위의 양성자 질량을 알 수 있다.

CODATA-2014에 나온 양성자의 질량은 다음과 같다.

$$m_p \simeq 1.672 \times 10^{-27} \, \text{kg}, \ \text{상대불확도} = 1.2 \times 10^{-8}$$

$$m_p \simeq 1.007 \, 276 \, \text{u}, \ \text{상대불확도} = 9.0 \times 10^{-11}$$

중수소(deuterium)는 수소 원자에 중성자가 추가된 것으로 질량수가 2인 ^{2}H로 표기한다. 그리고 삼중수소(tritium)는 수소 원자에 중성자가 2개 더 추가된 것으로 질량수가 3인 ^{3}H로 표기한다. 헬리온(helion)은 헬륨-3(^{3}He)의 원자핵을 말하는데, 이것은 양성자 2개와 중성자 1개로 구성되어 있다. 알파입자(alpha particle)는 양성자 2개와 중성자 2개로 구성되어 있으며 헬륨-4(^{4}He)의 원자핵과 동일하다. 이 이온들의 질량은 모두 전자나 양성자와 비슷한 방법으로 구한다.

5 채택된 상수들

기본상수들 중에는 과학자들의 편리성과 유용성을 위해 불확도가 0인 값으로 고정시킨 상수들이 있다. 이 상수들을 '채택된(adopted)' 또는 '협정(conventional)' 값을 갖는 상수라는 의미로 '채택된 상수'라고 부르기로 한다. CODATA-2014에는 아래와 같이 전부 7개의 채택된 상수들이 있다.

- 탄소-12의 상대 원자질량: $A_r(^{12}\text{C}) = 12$
- 몰질량 상수: $M_u = 1 \times 10^{-3} \, \text{kg mol}^{-1}$
- 탄소-12의 몰질량: $M(^{12}\text{C}) = 12 \times 10^{-3} \, \text{kg mol}^{-1}$
- 표준 상태 압력: 100 kPa
- 표준 대기압: 101.325 kPa
- 조셉슨 상수의 협정값: $K_{J-90} = 483\,597.9 \, \text{GHz V}^{-1}$
- 폰클리칭 상수의 협정값: $R_{K-90} = 25\,812.807 \, \Omega$

처음 세 개는 제4절의 물리화학상수와 밀접한 관련이 있는 상수이다. 그리고 마지막 두 개는 제2절의 전자기 상수에서 나온 조셉슨 상수 및 폰클리칭 상수와 관련된 것이다. 이 절에서는 이 두 개의 상수에 대해서 좀 더 자세히 알아본다.

과학자들은 조셉슨 효과와 양자 홀 효과로써 전압과 저항을 정확히 구현할 수 있다는 것을 알았다. 그래서 국제도량형위원회(CIPM)는 1990년에 이 두 효과를 볼트와 옴을 나타내는데 사용할 수 있도록 조셉슨 상수와 양자 홀 저항값을 불확도가 0인 값으로 고정시켰다. 여기서 상수 기호 뒤에 아래첨자로 붙은 90은 1990년도에 그 값이 결정되었음을 나타낸다.

$$K_{J-90} = 483\ 597.9\ \text{GHz/V}$$
$$R_{K-90} = 25\ 812.807\ \Omega$$

이 두 상수의 값은 단순히 그 당시에 측정된 K_J와 R_K 값이 아니라, 이 두 상수에 의해 정의되는 볼트와 옴이 그 이전의 SI 볼트 및 SI 옴의 값과 가능한 비슷한 값을 갖도록 조정되었다. K_{J-90}과 R_{K-90}을 채택함에 따라 새 전압과 저항의 실용 단위인 V_{90}과 Ω_{90}은 다음과 같이 정의된다.

$$K_J = 483\ 597.9\ \text{GHz/}V_{90}$$
$$R_K = 25\ 812.807\ \Omega_{90}$$

이것은 K_J와 R_K를 각각 V_{90} 및 Ω_{90} 단위로 표현하면 위와 같은 숫자로 나타난다는 것을 뜻한다. 여기서 V_{90}, Ω_{90} 단위를 직립 로만체가 아니라 이탤릭체로 쓴 것은 이것들이 정식 단위가 아니라 기준 물리량이기 때문이다. 위 두 관계식으로부터 구한 협정 단위 V_{90} 및 Ω_{90}이 SI 단위의 V 및 Ω과의 관계는 다음과 같다.

$$V_{90} = \frac{K_{J-90}}{K_J} \text{V}$$

$$\Omega_{90} = \frac{R_K}{R_{K-90}} \Omega$$

협정 단위인 V_{90} 및 Ω_{90}는 실험실에서 다음과 같이 쉽게 구현할 수 있다.[81]

■■
81 P.J. Mohr and B.N. Taylor, Rev. Mod. Phys. **72**(2), 2000, pp.363 – 364.

즉, 1 V_{90}는 직렬로 연결된 수많은 조셉슨 접합으로 구성된 조셉슨 소자에서 소자에 가해진 마이크로파 주파수 f와 그때 발생한 전압 – 전류 계단수 n의 곱 nf가 정확히 483 597.9 GHz일 때 조셉슨 소자 양단에 걸리는 전압이다. 그리고 1 Ω_{90}은 양자홀 소자에서 $R_{\mathrm{H}}(i) = R_{\mathrm{K}}/i = 25\,812.807\,\Omega_{90}/i$ 관계식을 이용한다. 다시 말하면, 1 Ω_{90}은 양자 홀 저항에 나타난 i번째 플래토(plateau)의 저항값인 $R_{\mathrm{H}}(i)$에 $i/25\,812.807$을 곱한 값이다.

V_{90}과 Ω_{90}의 조합으로 다음과 같이 전류(A_{90})와 전력(W_{90})의 협정 단위를 만들 수 있다.

$$A_{90} = \frac{V_{90}}{\Omega_{90}} = \frac{K_{\mathrm{J}-90}\,R_{\mathrm{K}-90}}{K_{\mathrm{J}}\,R_{\mathrm{K}}}\,\mathrm{A}$$

$$W_{90} = \frac{V_{90}^2}{\Omega_{90}} = \frac{K_{\mathrm{J}-90}^2\,R_{\mathrm{K}-90}}{K_{\mathrm{J}}^2\,R_{\mathrm{K}}}\,\mathrm{W}$$

그런데 $K_{\mathrm{J}} = 2e/h$이고 $R_{\mathrm{K}} = h/e^2$이므로 $K_{\mathrm{J}}^2 R_{\mathrm{K}} = 4/h$이다. 따라서 W_{90}은 다음과 같이 쓸 수 있다.

$$W_{90} = \frac{K_{\mathrm{J}-90}^2\,R_{\mathrm{K}-90}}{4}\,h\,\mathrm{W}$$

$K_{\mathrm{J}-90}$과 $R_{\mathrm{K}-90}$은 불확도가 0이므로 두 전력단위의 비 W_{90}/W를 실험적으로 구하면 플랑크 상수 h의 값을 두 전력단위의 비와 같은 상대불확도로 얻을 수 있다. 이 관계식은 와트 저울을 이용하여 플랑크 상수를 결정하는 데 사용된다.

6 기본상수값의 종합적 결정

CODATA는 1998년 이후로 매 4년마다 기본상수의 권고값(recommended value)을 발표하고 있다. 매번 300여 개의 값을 발표하는데, 하나의 기본상수에 대해 단위가 다른 값도 포함되어 있기 때문에 기본상수의 종류는 이 개수보다 훨씬 적다. 별도의 기호로 표기된 기본상수는 대략 200개 정도이다. 이것들 중에는 서로 역수 관계에 있거나 다른 기본상수와의 곱이나 나누기로 표현되는 것들도 있기 때문에 실제 독립적인 기본상수의 수는 더 줄어든다.

채택된 상수들이나 진공에서 빛의 속력과 같이 불확도가 0인 기본상수들을 제외하면 대부분의 기본상수들은 세월이 흐름에 따라 과학기술이 발전하기 때문에 불확도가 줄어드는 것이 일반적인 현상이다.[82] 그런데 이 상수들 중에는 관계식을 통해서 다른 상수들의 값을 결정하는데 크게 영향을 미치는 상수가 있다. 대표적인 것으로 뤼드베리 상수 R_∞, 미세구조상수 α, 플랑크 상수 h, 몰기체 상수 R 등이 있다.

CODATA는 권고값을 발표한 이후 다시 4년 동안 전 세계적으로 수행된 연구결과들을 수집하여 기본상수의 새 값을 정하는 데 사용한다. 물론 그 이전에 수집된 것들이 사용되기도 한다. 수집된 연구결과 중에는 기본상수의 값을 직접 측정한 것도 있지만, 기본상수와 간접적으로 연결되는 이론 및 실험 결과들도 많이 있다. 이 데이터들을 모아서 분석한 후 권고값을 결정하기까지 몇 단계에 걸친 데이터 처리 과정이 있다. 이 과정에서 최소 자승법(least-squares method)[83]을 사용하여 상수값을 조정한다.

수집된 연구결과들 중에서 기본상수값의 결정을 위해 선택된 데이터를 입력 데이터(input data)라고 부른다. 그 입력 데이터와 연관되어 있는 상수들은 조정 과정을 통해서 값이 정해질 것인데, 이것들을 조정 상수(adjusted constants)라고 부른다.[84] 입력 데이터와 조정 상수 사이의 관계식을 관찰 방정식(observational equation)이라고 부른다. 관찰 방정식의 변수로서 조정 상수들이 사용된다. 한 개의 입력 데이터와 연관되는 변수의 수는 한 개 이상이다. 그런데 하나의 관찰 방정식을 위한 입력 데이터의 수가 변수의 개수보다 많다. 다시 말하면, 미지수(변수)의 개수보다 방정식의 개수가 많기 때문에

---

82 예외가 있는데, 뉴턴의 중력상수 G 값의 상대불확도는 1986 CODATA에서는 1.3×10^{-4}이었으나 1998년에는 1.5×10^{-3}으로 10배 이상 나빠졌다. 그 이후 2002년부터 점차 좋아지고 있으며 2014년 결과는 4.7×10^{-5}이다.

83 1998 CODATA가 발표된 논문(Rev. Mod. Phys. **72**, pp.351–495, 2000.)의 부록 E에 자세한 내용이 나와 있음

84 '조정 상수'는 값이 이미 결정된 것이 아니고 조정 과정을 통해 최종값이 결정될 상수이다.

최소 자승법을 통해서 최적의 조정 값을 찾아낼 수 있다.

어떤 하나의 기본상수에 대해 직접 측정하여 얻은 두 개의 입력 데이터가 있다고 가정해 보자. 그 두 개의 측정값을 x_1, x_2, 각각의 불확도를 u_1, u_2라고 한다면 두 측정값의 차이는 $\Delta = |x_1 - x_2|$, 이 차이 값의 불확도는 $u_{\text{diff}} = \sqrt{u_1^2 + u_2^2}$으로 표현된다. 이때 $\Delta / u_{\text{diff}} \equiv R_B$를 자유도가 1일 때의 "Birge 비율"이라고 부르는데, 이 값이 1보다 작을수록 두 측정값이 일치하는 정도가 크다는 것을 의미한다. 그런데 이 두 입력 데이터(측정값)를 이용하여 조정 상수값을 결정하기 위해선 두 값에 가중치를 적용하는 것이 필요하다. 가중치는 불확도에 따라 달라진다. 만약 x_1, x_2의 가중치를 각각 W_1, W_2라고 한다면 $W_1 / W_2 = (u_2/u_1)^2$의 식에 의해 가중치가 정해진다(단, $W_1 + W_2 = 1$). 이 두 입력 데이터로부터 조정 상수값은 가중 평균된 값인 $\bar{x} = x_1 W_1 + x_2 W_2$이 된다. 가중 평균은 1차원(즉, 한 개의 변수)에서 최소 자승법을 적용한 것과 같은 것이다.

기본상수들 중에서 가장 많은 입력 데이터를 가지는 것은 뤼드베리 상수 R_∞이다. 이것에 대해서 오래 전부터 이론 및 실험적으로 많은 연구가 수행되었고 현재도 진행되고 있다. 예를 들면, CODATA-2010에서 R_∞ 권고값을 결정하는데 사용된 입력 데이터는 총 50종류의 52개이다.[85] 이 중에서 25개가 이론값인데 그 대부분이 수소 원자나 중수소 원자의 에너지 준위를 보정하는 데 추가되는 값들이다. 실험치는 대부분 수소원자나 중수소 원자의 전이 주파수를 측정한 값이다. 실험치 중에는 양성자의 rms 전하 반지름 r_p도 포함되어 있다. 이것의 상대불확도는 10^{-3} 수준으로 기본상수들 중에서 가장 큰 불확도를 가진다. 그렇지만 R_∞의 상대불확도는 10^{-12} 수준으로 기본상수들 중에서 아주 작은 불확도에 속한다.

입력 데이터 중에서 R_∞가 직접 측정된 것은 없다. 다시 말하면, R_∞는 다른 측정량이나 계산값을 종합하여 구해지는 상수이다. 이 입력 데이터들을 이용하여 R_∞를 결정하는데 사용되는 조정 상수(변수)는 전부 28개이다. 조정

85 P.J. Mohr, B.N. Taylor, and D.B. Newell, Rev. Mod. Phys. **84**, pp.1527 – 1605, 2012.

상수로는 R_∞, r_p, 수소 원자나 중수소 원자의 에너지 준위에 대한 보정값 등이 있다. 그리고 관찰 방정식은 전부 9개이다. 52개의 입력 데이터와 28개의 변수들 중에서 선택하여 관련된 관찰 방정식에 대입하여 다원 방정식을 만들고, 이것에서 최적의 변수(조정 상수)값을 찾는다. R_∞ 및 그와 관련된 기본상수들을 최종적으로 결정하기 위해 전부 12단계의 조정 과정을 거친다. 여기서는 자세한 내용은 생략한다.

한편, 다른 기본상수들과는 거의 연관성이 없지만 중요성이 높은 상수로 뉴턴의 중력상수 G가 있다. CODATA-2010에서는 국제도량형국(BIPM), 미국 NIST와 JILA 등 10개 연구기관에서 측정한 10개의 입력 데이터가 있고, 이것들을 종합적으로 조정하여 권고값이 결정되었다.

R_∞와 G를 제외한 다른 기본상수들(예를 들면, α, h, R)의 CODATA-2010 권고값을 결정하는데 사용된 입력 데이터는 전부 64종류의 86개가 있다. 이들 중 이론값은 3개뿐이고 나머지는 모두 실험값이다. 이 입력 데이터들을 이용하여 권고값을 최종적으로 결정하는 방법은 다변량 해석(multivariate analysis)을 이용한다. 이 방법을 적용하기 전에 다음과 같은 방법으로 입력 데이터의 적합성을 전반적으로 조망하고, 가장 중요한 데이터를 먼저 구분해낸다.

즉, 앞에서 언급한 64종류 총 86개 입력 데이터 중에서 α와 관련되는 데이터는 14개가 있다. 즉, 전자 자기모멘트 비정상량 a_e, 루비듐-87 원자 또는 세슘-133 원자의 질량에 대한 h의 비, $h/m(^{87}\mathrm{Rb})$ 또는 $h/m(^{133}\mathrm{Cs})$, 폰 클리칭 상수 R_K 등이다. 이것들로부터 α값을 계산해 내는데, 그 상대불확도는 $10^{-10} \sim 10^{-7}$ 사이에 있다. 그중에서 a_e로부터 계산한 α값의 불확도가 가장 작다. 그림 2.11은 이렇게 계산된 α값 및 그 불확도를 불확도가 작아지는 순서대로 나타낸 것이다. 이 α값들 중에서 상대불확도가 10^{-8}보다 작은 것들을 선택하여 연도순으로 나타낸 것이 그림 2.12이다. 이 그림에는 2006년과 2010년의 CODATA 권고값도 같이 나타나 있다(다음 3개의 그림은 Rev. Mod. Phys. 2012에서 발췌한 것임). 그림 속의 글자와 기호는 실험을 수행한 기관(연구소 또는 대학), 연도 및 측정량을 나타낸다.

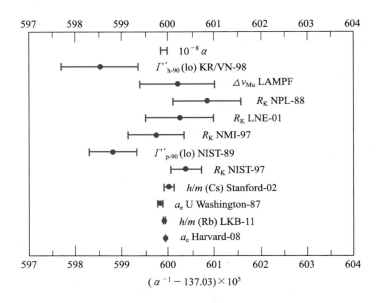

그림 2.11 상대불확도가 10^{-7}보다 작은 α값들(불확도 순).

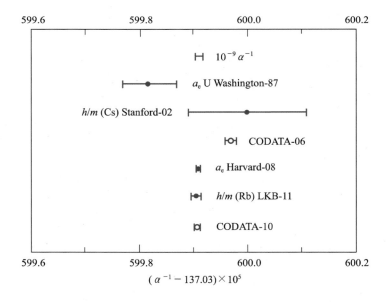

그림 2.12 상대불확도가 10^{-8}보다 작은 α값들(연도순).

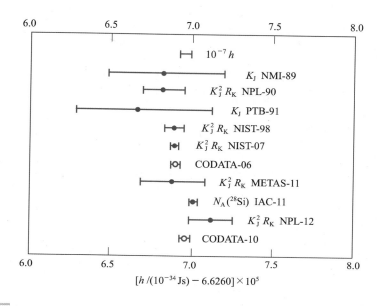

그림 2.13 상대불확도가 10^{-6} 보다 작은 h값들(연도순).

한편, 총 86개 입력 데이터 중에서 h와 관련된 11개 중에는 실리콘-28 원자에서 구한 아보가드로 상수 $N_A(^{28}Si)$, 조셉슨 상수의 제곱과 폰 클리칭 상수의 곱 $K_J^2 R_K$, 조셉슨 상수 K_J 등이 있다. 이들 중에서 $K_J^2 R_K$는 전부 4개의 데이터가 있는데, 이것들은 영국 NPL, 미국 NIST, 스위스 METAS에서 각각의 와트 저울을 이용하여 측정한 것이다. 그리고 $K_J^2 R_K = 4/h$의 관계식에서 h를 구했다. 그림 2.13은 h값과 불확도를 연도순으로 나타낸 것이다. 그림에서 2010년 CODATA 권고값의 상대불확도는 $K_J^2 R_K$에서 구한 h값이 아니라 $N_A(^{28}Si)$의 결과에 의해 크게 영향을 받고 있음을 알 수 있다. 다시 말하면, 불확도가 작은 입력 데이터에 더 큰 가중치를 주고 있기 때문에 이런 결과가 생긴 것이다.

CODATA-2010에서 총 86개의 입력 데이터를 다변량 해석하기 위해 39개의 조정 상수(변수)와 48개의 관찰 방정식이 이용되었다. 조정 상수들로는 앞의 그림에서 나타난 α와 h도 포함되어 있고, 전자의 상대 원자질량 $A_r(e)$, 양성자의 상대 원자질량 $A_r(p)$, 몰기체 상수 R 등이 있다.

한편 조정에 의해 결정된 상수들을 이용하여 관계식으로부터 계산되는 기본 상수들이 있다. 표 2.2는 조정 상수인 R_∞, α, h 및 R 로부터 계산되어 나온 상수들을 보여 준다. 계산된 기본상수의 상대불확도는 관계식에 포함된 상수들 중 가장 큰 불확도에 의해 결정된다. 참고로 CODATA-2014에 의하면 4개 상수의 상대불확도는 각각 $u_r(R_\infty) = 5.9 \times 10^{-12}$, $u_r(\alpha) = 2.3 \times 10^{-10}$, $u_r(h) = 1.2 \times 10^{-8}$, $u_r(R) = 5.7 \times 10^{-7}$이다.

표에서 핵 마그네톤 μ_N 과 전자의 자기모멘트 μ_e 의 관계식에는 각각 질량비 및 자기모멘트의 비가 포함되어 있다. 일반적으로 두 물리량의 비를 측정하는 것이 각각의 양을 측정해서 계산하는 것보다 불확도가 훨씬 작다. 양성자의 질량에 대한 전자 질량의 비는 그 상대불확도가 9.5×10^{-11}이다. 이에 비해 전자의 질량과 양성자의 질량은 둘 다 1.2×10^{-8}의 상대불확도를 가진다. 전자의 자기모멘트의 경우에는 보어 마그네톤으로 나눈 후에 다시 곱하는 방법을 사용함으로써 상대불확도를 보어 마그네톤과 같은 6.2×10^{-9}으로 만들었다. 여기서 μ_e/μ_B 의 값은 전자의 g-인자의 절반과 같은데 g_e 의 상대불확도는 기본상수들 중에서 가장 작은 2.6×10^{-13}이므로 이 관계를 이용한 것이다.

표 2.2 조정 상수들(R_∞, α, h, R)의 값으로부터 계산되는 상수들과 그 관계식 및 상대불확도.

계산되는 상수	기호	관계식	상대불확도
보어 반지름	a_0	$a_0 = \alpha/4\pi R_\infty$	$u_r(a_0) = u_r(\alpha)$
콤프톤 파장	λ_C	$\lambda_C = \alpha^2/2R_\infty$	$u_r(\lambda_C) = 2u_r(\alpha)$
고전적 전자 반지름	r_e	$r_e = \alpha^2 a_0 = \alpha^3/4\pi R_\infty$	$u_r(r_e) = 3u_r(\alpha)$
톰슨 단면적	σ_e	$\sigma_e = (8\pi/3)r_e^2 = \alpha^6/6\pi R_\infty^2$	$u_r(\sigma_e) = 6u_r(\alpha)$
폰 클리칭 상수	R_K	$R_K = \mu_0 c/2\alpha$	$u_r(R_K) = u_r(\alpha)$
전자의 질량	m_e	$m_e = 2R_\infty h/c\alpha^2$	$u_r(m_e) = u_r(h)$
하트리 에너지	E_h	$E_h = 2R_\infty hc$	$u_r(E_h) = u_r(h)$

(계속)

계산되는 상수	기호	관계식	상대불확도
기본전하	e	$e = \left(\dfrac{2\alpha h}{\mu_0 c} \right)^{1/2}$	$u_{\mathrm{r}}(e) = \dfrac{1}{2} u_{\mathrm{r}}(h)$
보어 마그네톤	μ_{B}	$\mu_{\mathrm{B}} = \dfrac{e\hbar}{2m_{\mathrm{e}}} = \left(\dfrac{c\alpha^5 h}{32\pi^2 \mu_0 R_\infty^2} \right)^{1/2}$	$u_{\mathrm{r}}(\mu_{\mathrm{B}}) \approx \dfrac{1}{2} u_{\mathrm{r}}(h)$
핵 마그네톤	μ_{N}	$\mu_{\mathrm{N}} = \mu_{\mathrm{B}} \dfrac{A_{\mathrm{r}}(e)}{A_{\mathrm{r}}(p)}$	$u_{\mathrm{r}}(\mu_{\mathrm{N}}) = u_{\mathrm{r}}(\mu_{\mathrm{B}})$
전자의 자기모멘트	μ_{e}	$\mu_{\mathrm{e}} = \left(\dfrac{\mu_{\mathrm{e}}}{\mu_{\mathrm{B}}} \right)\mu_{\mathrm{B}}$ where $\dfrac{\mu_{\mathrm{e}}}{\mu_{\mathrm{B}}} = \dfrac{g_{\mathrm{e}}}{2}$	$u_{\mathrm{r}}(\mu_{\mathrm{e}}) = u_{\mathrm{r}}(\mu_{\mathrm{B}})$
볼츠만 상수	k	$k = R/N_{\mathrm{A}}$	$u_{\mathrm{r}}(k) = u_{\mathrm{r}}(R)$
슈테판 –볼츠만 상수	σ	$\sigma = (\pi^2/60) k^4/\hbar^3 c^2$	$u_{\mathrm{r}}(\sigma) = 4 u_{\mathrm{r}}(k)$
이상 기체의 몰 부피	V_{m}	$V_{\mathrm{m}} = RT/p$, @ $T = 273.15$ K, $p = 101.325$ kPa	$u_{\mathrm{r}}(V_{\mathrm{m}}) = u_{\mathrm{r}}(R)$
2차 복사 상수	c_2	$c_2 = hc/k$	$u_{\mathrm{r}}(c_2) = u_{\mathrm{r}}(k)$

Fundamental Constants and System of Units Chapter **3**

자연 단위계

　역사적으로 단위가 등장한 것은 상거래, 제조업, 조세 등과 같이 실생활과 관련된 분야에서 필요했었기 때문이다. 처음에는 길이를 재고(度), 부피를 재고(量), 무게를 다는(衡) 단위들이 주로 사용되었는데, 이 단위들은 주변에서 쉽게 구할 수 있는 것을 기준으로 삼았다. 길이의 경우 발이나 팔의 길이, 손가락의 길이와 같이 인체와 관련된 것이 단위로 사용되었다. 지역 간, 국가 간 교류가 별로 많지 않았던 시대에는 각 지역마다 각기 다른 단위를 사용했지만, 나라들이 합쳐지거나 무역이 활발해지면서 단위의 통일에 대한 필요성이 높아졌다. 중국에서는 기원전 221년에 최초로 중국을 통일한 진나라에서 단위 통일을 실시했었다. 서양에서는 근대에 들어와서 1789년 프랑스 대혁명 이후에 체계적인 단위가 자리 잡기 시작했다. 이 단위들은 인체 사이즈나 인공적으로 만든 것에서 벗어나 좀 더 보편적인 방향으로 발전되었다. 이것이 오늘날의 국제단위계가 되었다.

　그런데 다른 한편에서는 순전히 학문적인 요구에 의해 단위가 만들어졌다. 이것은 기본상수가 등장하고, 양자역학이 만들어지기 시작한 20세기 초에 주로 나타났다. 물리학 법칙에서 등장하는 기본상수는 그 값이 변하지 않기 때문에 과학자들은 그것을 기반으로 단위를 만들었다. 이런 단위들의 집합을 자연 단위계라고 부른다. 자연 단위계에서 '자연'이란 말은 단위를 인위적으로 만들지 않았다는 뜻으로, 자연의 특성에서 기인한 단위계란 의미이다. 이 자연 단위계는 주로 이론물리학자들이 사용하는데, 물리학 법칙을 수식으로 표현할 때 간소화할 수 있다는 장점이 있다. 그렇지만 그 단위의 크기가 너무 크거나 너무 작아서 실생활에 사용되지는 않았다.

　그런데 2018년에 새로 정의될 새 국제단위계(SI)는 바로 이 기본상수를 바탕으로 만들어진다. 지금까지는 단위를 이용해서 기본상수의 값을 측정했다면, 앞으로는 기본상수를 이용해서 단위를 구현하는 방식으로 바뀌는 것이다. 국제단위계에도 자연 단위계와 같은 개념이 적용된다는 것은 과학이 생활에 그만큼 깊이 간여하고 있다는 것을 의미한다. 동시에 실생활에서 사용되는 단위가 더욱 과학적으로 자리 잡아간다는 것을 의미한다.

1 자연 단위계의 발전 역사[1]

과학의 역사에서 자연 단위계와 비슷한 개념의 단위계가 과학자들에 의해 제안된 적이 있다. 현재 사용되고 있진 않지만 역사적으로 중요한 의미를 가지는 것만 간략히 소개한다.

가우스(C.F. Gauss)[2]는 '절대 단위계(absolute system)'를 제안했었다. 그는 1832년에 지구 자기의 정량적 해석을 위해 '자기 질량(magnetic mass)'이라는 개념을 만들고, 이것을 그 당시에 널리 알려져 있던 뉴턴의 만유인력의 법칙에 적용할 것을 제안했다. 즉, $F = k_i(m_1 m_2)/r^2$에서 $k_i = 1$로 두고, 두 개의 자기 질량 사이에서도 중력과 같은 힘이 작용하는 것으로 표현했다. 그 이후 가우스는 웨버(W.E. Weber)[3]와 함께 전하 사이에서도 똑같은 형식의 법칙을 제안했다. 다시 말하면 중력 질량 단위, 자기 질량 단위, 전기 질량 단위를 모두 세 개의 역학 단위(밀리미터, 밀리그램, 초)로 표현하는 것이다. 이때 적용되는 물리법칙은 위 식에서 모두 $k_i = 1$로 두었다.

맥스웰(J.C. Maxwell)은 '보편 단위계(universal system)'를 제안했었다. 맥스웰은 1870년에 한 학술모임에서 다음과 같은 연설을 한 것으로 알려져 있다. "만약 우리가 절대적으로 불변인 길이, 시간, 질량의 표준을 얻고자 한다면 지구의 크기나 운동이나 질량에서 구할 것이 아니라, 불멸이고 불변이며 완벽하게 똑같은 분자들의 파장, 진동주기, 절대 질량에서 찾아야 한다." 그리고 1873년에 발간한 "전기와 자기에 관한 보고서"의 첫 번째 장에서 과학과 실생활에 적용되는 여러 단위계들을 해석하면서 다음과 같은 두 가지 단위계를 제안했다.

---

1   K.A. Tomilin, "Natural System of Units: To the Centenary Anniversary of the Planck System," 1999, pp.287−296(from Wikipedia).

2   카를 가우스(1777~1856)는 독일의 수학자이자 과학자로서, 정수론, 통계학, 전자기학, 천문학, 광학 등 수학과 과학의 다양한 분야에서 크게 기여했다.

3   빌헬름 웨버(1804~1891)는 독일의 물리학자인데, 자속의 SI 단위 웨버(기호: Wb)는 그의 이름에서 따온 것이다.

첫 번째 단위계에서는 길이의 보편단위로 소듐과 같이 분광 스펙트럼의 선이 잘 알려진 물질에서 방출되는 빛의 진공에서의 파장을 제안했다. 그리고 시간의 보편단위로 길이 단위에 사용된 빛의 진동주기를, 질량의 보편단위로 표준물질을 이루는 분자 하나의 질량을 제안했다.

두 번째 단위계는 질량의 단위만 첫 번째 것과 다르다. 즉, 만유인력의 법칙에서 단위 길이에 단위 가속도를 제공하는 질량으로 정의했는데, 이것은 뉴턴의 방정식에서 만유인력 상수를 1로 둔 것과 같다.

맥스웰은 길이와 시간의 단위를 빛의 파장과 진동으로 정의하면 속력의 단위는 빛의 속력이 된다는 것을 알고 있었다. 맥스웰이 $c = 1$을 선택한 것은 정전기학과 자기학의 통합으로 귀결되었다. 그는 또 전기의 단위로 기본전하를 제안했었다.

어떤 입자의 속력(v)이 빛의 속력(c)의 절반이라면 일반적으로 $v = c/2$로 표현할 수 있다. 그런데 여기에 사용하는 속력의 단위가 이미 c라고 전제되어 있다면 $v = 1/2$만으로도 같은 의미가 된다. 다시 말하면, 이 단위계는 속력의 단위로서 기본상수인 빛의 속력을 기본으로 하는(즉, $c = 1$로 하는) 단위계이다.

이렇게 기본상수를 1로 두는 자연 단위계는 물리 법칙을 간단하게 표현할 수 있다. 예를 들면, 유명한 아인슈타인의 질량과 에너지와의 관계식 $E = mc^2$에서 $c = 1$로 두면 $E = m$이 된다. 식은 간단해지고, 질량과 에너지는 같다는 의미를 보여 준다. 그렇지만 차원에 관한 정보를 잃어버릴 수 있기 때문에 주의해야 한다는 단점이 있다.

자연 단위계는 어떤 종류의 기본상수를 기본으로 선택하느냐에 따라서 몇 가지로 구분되고, 사용되는 분야도 달라진다. 그렇지만 공통적으로 사용되는 기본상수들이 있다. 진공에서의 빛의 속력 c, 축약 플랑크 상수 $\hbar (= h/2\pi)$, 볼츠만 상수 k는 여러 자연 단위계에서 공통적으로 나타난다. 여기서는 여러 자연 단위계들 중에서 자주 사용되는 몇 가지만 소개한다.

2 스토니 단위계

조지 스토니(G.J. Stoney)[4]는 1874년에 중력상수 G, 빛의 속력 c, 기본전하 e가 자연의 보편적이고 근본적인 상수라고 여겼다. 오늘날 스토니 단위계는 볼츠만 상수 k와 쿨롱 상수 $(4\pi\epsilon_0)^{-1}$를 포함한, 다음 다섯 개의 기본상수를 1로 두는 단위계이다. 다음에 나올 플랑크 단위계와의 차이는 $\hbar$ 대신에 e가 들어간다는 것이다.

$$G = c = e = k = (4\pi\epsilon_0)^{-1} = 1$$

그리고 이것들을 조합하여 길이, 질량, 시간, 온도의 스토니 단위를 만들었다. 스토니 단위들과 SI 단위 사이의 관계는 다음과 같다. 단, 여기서 쿨롱 상수를 $(4\pi\epsilon_0)^{-1} = k_e$ 로 표현한다.

$$l_S = \sqrt{\frac{Gk_e e^2}{c^4}} \simeq 1.38 \times 10^{-36} \text{ m}$$

$$m_S = \sqrt{\frac{k_e e^2}{G}} \simeq 1.86 \times 10^{-9} \text{ kg}$$

$$t_S = \sqrt{\frac{Gk_e e^2}{c^6}} \simeq 4.60 \times 10^{-45} \text{ s}$$

$$T_S = \sqrt{\frac{c^4 k_e e^2}{Gk^2}} \simeq 1.21 \times 10^{31} \text{ K}$$

$$q_S = e \simeq 1.60 \times 10^{-19} \text{ C}$$

여기서 주목할 만한 것은, 스토니 단위계는 최초의 자연 단위계라는 점이다. 역사적인 의미가 크지만 현대 물리학에서는 거의 사용되지 않는다. 대신에 플랑크 단위계가 널리 사용되고 있다. 그렇지만 전자기 상호작용과 관련된 이론에서는 스토니 단위계가 플랑크 단위계보다 더 나은 점도 있다. 그래서 만약

---

4 조지 스토니(1826~1911)는 아일랜드 출신의 물리학자이며, 1891년에 'electron'이라는 용어를 처음 사용했다.

중력과 전자기력을 통합하는 이론이 나온다면 스토니 단위계가 다시 주목받을 것으로 추측된다.

3 플랑크 단위계

막스 플랑크는 1899년에 보편 상수에 근거한 자연 단위계를 제안했다. 그가 제안할 당시에는 전자기에 관한 상수는 포함되어 있지 않았다. 오늘날 플랑크 단위계는 쿨롱 상수 $(4\pi\epsilon_0)^{-1}$를 포함하여, 중력 상수 G, 빛의 속력 c, 축약 플랑크 상수 $\hbar$, 볼츠만 상수 k를 기반으로 하는 단위계이다. 이 상수들 각각은 물리 이론이나 법칙과 연관된다. 즉, G는 일반상대론 및 뉴턴의 중력 법칙, c는 특수상대론 및 전자기학, $\hbar$는 양자역학, k는 통계역학 및 열역학, $(4\pi\epsilon_0)^{-1}$는 쿨롱 법칙과 연관된다. 이 단위계에서는 아래 상수들을 모두 1로 둔다.

$$G = c = \hbar = k = (4\pi\epsilon_0)^{-1} = 1$$

플랑크 단위계는 자연 단위계들 중에서도 가장 자연적인 단위계로 알려져 있다. 그 이유는 플랑크 단위계에서 채택한 기본상수들이 다른 단위계들에 비해 더 보편적이기 때문이다. 다른 단위계들은 해당 학문분야에서 이론 전개의 편리성을 위해 특정 입자(전자나 양성자)의 질량이나 전하를 기본으로 사용한다. 그런데 이것들은 여러 입자들 중의 하나이고, 특히 양성자의 경우는 양성자를 구성하는 요소(쿼크)가 있기 때문에 기본 입자가 아니다. 이에 비해 플랑크 단위계는 자유 공간에 관한 상수들을 사용한다.

이미 잘 알려져 있는 물리학 법칙을 플랑크 단위계에서 표현하면(해당 기본상수를 1로 두면) 다음과 같이 단순화된다.

- 뉴턴의 만유인력 법칙 $\quad F = G\dfrac{m_1 m_2}{r^2} \Rightarrow F = \dfrac{m_1 m_2}{r^2}$

- 에너지 – 운동량 관계식 $\quad E = m^2 c^4 + p^2 c^2 \Rightarrow E = m^2 + p^2$

- 볼츠만의 엔트로피 공식 $S = k \log \Omega \Rightarrow S = \log \Omega$

- 입자당 자유도당 열 에너지 $E = \dfrac{1}{2} kT \Rightarrow E = \dfrac{1}{2} T$

- 에너지와 각주파수 관계식 $E = \hbar \omega \Rightarrow E = \omega$

- 쿨롱의 법칙 $F = \dfrac{1}{4\pi\epsilon_0} \dfrac{q_1 q_2}{r^2} \Rightarrow F = \dfrac{q_1 q_2}{r^2}$

이렇게 함으로써 이론식을 전개하는 과정에서 반복적으로 나오는 기본상수를 제거하여 수식을 간단히 할 수 있다는 장점이 있다. 그렇지만 등호 양편의 차원이 맞지 않아 물리적으로 혼동될 우려가 있다.

단순화된 식들이 의미 있게 사용되려면 식에 포함된 물리량들이 모두 플랑크 단위와 비교된 무차원의 값이 들어가면 된다. 예를 들어, 단순화된 만유인력의 법칙에서 질량에는 플랑크 질량에 대한 질량값의 비가, 길이에는 플랑크 길이에 대한 길이값의 비가 들어가면 힘은 자동적으로 플랑크 힘에 대한 힘의 비가 나온다. 이렇게 계산된 값은 중력상수가 없더라도 의미있는 값이 된다.

플랑크 단위계는 위의 기본상수들을 조합하여 플랑크 기본단위 다섯 개를 정의한다. 그것들은 플랑크 질량, 플랑크 온도, 플랑크 길이, 플랑크 시간, 플랑크 전하이다.

CODATA-2014에 나타난 플랑크 기본 단위들의 정의와 그 값은 다음과 같다.

- 플랑크 질량
$$m_\mathrm{P} = (\hbar c / G)^{1/2} \simeq 2.176 \times 10^{-8}\ \text{kg}, \quad \text{상대불확도} = 2.3 \times 10^{-5}$$

- 플랑크 온도
$$T_\mathrm{P} = (\hbar c^5 / G)^{1/2} / k \simeq 1.417 \times 10^{32}\ \text{K}, \quad \text{상대불확도} = 2.3 \times 10^{-5}$$

- 플랑크 길이
$$l_\mathrm{P} = \hbar / m_\mathrm{P} c = (\hbar G / c^3)^{1/2} \simeq 1.616 \times 10^{-35}\ \text{m}, \ \text{상대불확도} = 2.3 \times 10^{-5}$$

- 플랑크 시간
$$t_\mathrm{P} = l_\mathrm{P} / c = (\hbar G / c^5)^{1/2} \simeq 5.391 \times 10^{-44}\ \text{s}, \ \text{상대불확도} = 2.3 \times 10^{-5}$$

• 플랑크 전하

$$q_{\mathrm{P}} = (4\pi\epsilon_0 \hbar c)^{1/2} \simeq 1.875 \times 10^{-18} \text{ C}$$

플랑크 전하는 플랑크가 정의하지 않았지만 플랑크 단위계를 완성하기 위해 이후에 포함되었다. 여기서 상단 네 개 단위의 상대불확도가 모두 같다는 것을 알 수 있다. 그 이유는 네 개 단위의 정의에 포함된 G값의 상대불확도가 다른 요소들에 비해 아주 크기 때문이다.

SI 단위로 표현된 값에서 보는 것처럼 플랑크 온도, 플랑크 시간, 플랑크 길이는 그 값이 엄청나게 크거나 엄청나게 작다는 특징이 있다. 이로 인해 그 당시 과학자들은 이 단위들은 측정단위로 부적합하다고 지적했고, 그래서 초기에는 별로 주목받지 못했다. 그러다가 1950년대 들어 양자중력(quantum gravity)에 관한 연구가 진행되었는데, 플랑크 단위의 값들이 양자상대론 (quantum relativity theory)의 적용한계를 나타낸다는 것이 발표되면서 새롭게 조명을 받게 되었다. 예를 들면, 플랑크 길이는 양자상대론이 적용될 수 있는 중력의 한계이고, 일반상대론의 양자적 한계라는 것이 이론으로 증명되었다.[5] 이런 연구결과로 인해 플랑크 단위계의 중요성이 다시 부각되었고, 용어의 명칭도 그의 이름을 따서 만들어졌다. 그 이후에 플랑크 질량은 기본입자가 가질 수 있는 질량의 상한이고 또 블랙홀 질량의 최소한계이라는 것과 플랑크 온도는 열복사의 최고 온도라는 것이 여러 과학자들에 의해 이론적으로 입증되었다. 오늘날 플랑크 단위의 값들은 우주론에서 빅뱅이 발생할 당시의 우주 온도, 빅뱅 발생 시간, 우주의 직경 등에 해당하는 것으로 알려져 있다.

플랑크 기본단위들로부터 유도단위를 만들 수 있다. 예를 들면, 플랑크 길이를 제곱하면 플랑크 면적이 되고, 플랑크 에너지는 플랑크 질량에 c^2을 곱하면 된다. 이런 식으로 구한 유도 단위 몇 개를 소개하면 다음과 같다. 이것들을 SI 단위로 표현한 것을 맨 오른쪽에 나타내었다.

• 플랑크 면적 $\qquad l_{\mathrm{P}}^2 = \hbar G / c^3 \simeq 2.6 \times 10^{-70} \text{ m}^2$

5　J. Wheeler, Phys. Rev. **97**, pp.511 – 536 (1955).

- 플랑크 부피 $\qquad l_P^3 = (\hbar^3 G^3/c^9)^{1/2} \simeq 4.2 \times 10^{-105} \text{ m}^3$

- 플랑크 에너지 $\qquad E_P = m_P c^2 = \hbar/t_P = (\hbar c^5/G)^{1/2} \simeq 1.9 \times 10^9 \text{ J}$

- 플랑크 힘 $\qquad F_P = \dfrac{E_P}{l_P} = \dfrac{\hbar}{l_P t_P} = \dfrac{c^4}{G} \simeq 1.2 \times 10^{44} \text{ N}$

- 플랑크 전류 $\qquad I_P = \dfrac{q_P}{t_P} = (4\pi\epsilon_0 c^6/G)^{1/2} \simeq 3.4 \times 10^{25} \text{ A}$

- 플랑크 전압 $\qquad V_P = \dfrac{E_P}{q_P} = \dfrac{\hbar}{q_P t_P} = \sqrt{\dfrac{c^4}{4\pi\epsilon_0 G}} \simeq 1.0 \times 10^{27} \text{ V}$

- 플랑크 임피던스 $\qquad Z_P = \dfrac{V_P}{I_P} = \dfrac{\hbar}{q_P^2} = \dfrac{1}{4\pi\epsilon_0 c} \simeq 29.9 \ \Omega$

4 원자 단위계

원자 단위계에는 다음과 같은 두 개의 단위계가 있다. 이 단위계들은 원자 및 분자 물리학, 특히 수소 원자에 적용하기 위해 만들어졌다. 그래서 바닥상태에 있는 수소 원자에서 전자의 거동을 잘 나타낸다. 하트리 단위계가 뤼드베리 단위계보다 더 많이 사용된다.

4.1 하트리 원자 단위계

하트리(D. Hartree)[6]는 1927년에 여러 개의 전자를 가진 원자에 대한 슈뢰딩거 방정식의 해를 구하는 새로운 방법을 제안했다. 이때 그는 길이의 단위로서 보어 반지름 a_0를, 질량의 단위로서 전자의 질량 m_e를 그리고 전하의 단위로서 기본전하 e를 채택했다. 그리고 쿨롱 상수 $(4\pi\epsilon_0)^{-1}$를 1로 두었다. 즉, 하트리 원자 단위계는 다음 기본상수들을 1로 두는 단위계이다. 이렇게 함으로써 슈뢰딩거 방정식을 가장 단순하게 표현하려고 했다.

6 더글라스 하트리(1897~1958)는 영국의 물리학자이자 수학자이다.

$$e = m_\mathrm{e} = \hbar = k = (4\pi\epsilon_0)^{-1} = 1, \quad c = \frac{1}{\alpha}$$

하트리 원자 단위계는 비상대론적 양자이론을 다루는 원자물리에서 아주 유용하다는 것이 밝혀졌다. 특히 수소 원자의 보어 모델에서 바닥상태에 있는 전자의 궤도속력=1, 궤도반지름=1, 각운동량=1, 이온화 에너지=1/2이 되어 아주 간단해진다는 특징이 있다.

하트리 원자 단위계에서 길이, 질량, 시간, 전하, 온도는 다음과 같이 정의되고, 각각의 SI 값은 오른쪽에 나타나 있다.

$$l_\mathrm{h} = a_0 = \frac{\hbar^2 (4\pi\epsilon_0)}{m_\mathrm{e} e^2} \simeq 5.29 \times 10^{-11} \text{ m}$$

$$m_\mathrm{h} = m_\mathrm{e} \simeq 9.10 \times 10^{-31} \text{ kg}$$

$$t_\mathrm{h} = \hbar / E_\mathrm{h} = \frac{\hbar^3 (4\pi\epsilon_0)^2}{m_\mathrm{e} e^4} \simeq 2.41 \times 10^{-17} \text{ s}$$

$$q_\mathrm{h} = e \simeq 1.60 \times 10^{-19} \text{ C}$$

$$T_\mathrm{h} = E_\mathrm{h} / k = \frac{m_\mathrm{e} e^4}{\hbar^2 (4\pi\epsilon_0)^2 k} \simeq 3.15 \times 10^5 \text{ K}$$

하트리 원자 단위계에서 속력의 단위는 $\alpha c \simeq c/137$이다. 이 속력의 단위는 복잡한 원자에서 전자 속력의 하한을 나타내는 것으로 알려져 있다. 그리고 이 단위계에서 빛의 속력은 약 137로서, 앞에서 언급한 전자의 궤도속력 =1에 비하면 꽤 큰 값을 가진다. 다른 말로 하면, 수소 원자에 있는 전자는 빛의 속력보다 훨씬 느리게 움직인다.

1958년에 에너지의 단위가 추가되었는데, 이것을 '하트리 에너지'라고 부른다. CODATA에도 그 값이 보고되고 있는데, CODATA-2014에 나온 값과 상대불확도는 다음과 같다.

$$E_\mathrm{h} = \frac{e^2}{4\pi\epsilon_0 a_0} = \alpha^2 m_\mathrm{e} c^2 \simeq 4.359 \times 10^{-18} \text{ J}, \quad \text{상대불확도} = 1.2 \times 10^{-8}$$

4.2 뤼드베리 원자 단위계

뤼드베리(J.R. Rydberg)[7]의 이름을 따서 만든 뤼드베리 원자 단위계는 전하와 질량에서만 하트리 원자 단위계와 다르다. 즉, 다음 기본상수들이 1로 된 단위계이다.

$$\frac{e}{\sqrt{2}} = 2\,m_e = \hbar = k = (4\pi\epsilon_0)^{-1} = 1, \quad c = \frac{2}{\alpha}$$

뤼드베리 단위계에서 빛의 속력은 하트리 단위계보다 2배 크다. 즉, 뤼드베리는 274이고, 하트리는 137이다. 중력 상수는 이 두 단위계에서 아주 작은데, 10^{-45} 수준이다. 그 이유는 두 전자 사이에 작용하는 중력이 쿨롱 힘보다 이만큼 작기 때문이다. 하트리 에너지에 대응되는 뤼드베리 에너지가 있는데, 정확히 두 배 차이가 난다. CODATA-2014에 나온 뤼드베리 에너지와 상대불확도는 다음과 같다. 단, R_∞는 뤼드베리 상수이다.

$$E_{\mathrm{R}} = R_\infty h c \simeq 2.179 \times 10^{-18}\ \mathrm{J}, \ 상대불확도 = 1.2 \times 10^{-8}$$

NOTE 3-1 차원 분석으로 플랑크 단위 만들기

플랑크 단위는 기본상수 $G, c, \hbar$ 를 근간으로 만들어진 단위이다. 플랑크 길이, 플랑크 시간, 플랑크 질량의 단위를 만들려면 $G, c, \hbar$ 를 어떻게 조합해야 할까? 단, k와 $(4\pi\epsilon_0)^{-1}$은 각각 온도와 전하에만 기여하므로 여기서는 고려하지 않는다.

우선 $G, c, \hbar$ 의 차원을 표시하면 다음과 같다.

G 의 단위를 SI 기본단위로 표현하면 $\mathrm{m}^3\,\mathrm{kg}^{-1}\,\mathrm{s}^{-2}$이다. 이것을 차원으로 표시하면 $\mathrm{L}^3\,\mathrm{M}^{-1}\,\mathrm{T}^{-2}$ 이다. 같은 방식으로 c의 SI 단위는 $\mathrm{m\,s}^{-1}$이므로 차원은 $\mathrm{L\,T}^{-1}$이다. $\hbar$의 단위는 $\mathrm{J \cdot s}$인데, J은 $\mathrm{N \cdot m}$와 같고, N은 $\mathrm{kg\,m\,s}^{-2}$와 같다. 따라

(계속)

■■ ■
7   요하네스 뤼드베리(1854~1919)는 스웨덴의 물리학자이다.

서 $\hbar$의 단위를 SI 기본단위로 풀어쓰면 $kg\,m^2\,s^{-1}$이 되고, 이것을 차원으로 표시하면 $M\,L^2\,T^{-1}$이 된다.

만약 $G, c, \hbar$가 각각 x, y, z번 곱해져서 플랑크 단위가 된다면 그것을 차원으로 표현하면 다음과 같다.

$$G^x\,c^y\,\hbar^z = (L^3\,M^{-1}\,T^{-2})^x\,(L\,T^{-1})^y\,(M\,L^2\,T^{-1})^z = L^{3x+y+2z}\,M^{-x+z}\,T^{-2x-y-z}$$

이 식에서 플랑크 길이를 구하려고 한다면 L의 지수는 1이 되고, M과 T의 지수는 0이 되어야 한다. 즉, 다음 3원 연립 방정식이 만들어진다.

$$3x+y+2z=1, \quad -x+z=0, \quad -2x-y-z=0$$

이것을 풀면 x=z=1/2, y=-3/2가 된다.

따라서 플랑크 길이는 $l_P = G^{1/2}\,c^{-3/2}\,\hbar^{1/2} = \sqrt{\dfrac{G\hbar}{c^3}}$ 이다.

플랑크 시간을 구하려면 위와 마찬가지 방법으로 T의 지수만 1로 두고, 나머지 L과 M의 지수는 0으로 둔 연립방정식을 풀면 된다.

새 국제단위계

1 국제단위계의 발전 역사

국제단위계[1]는 미터계를 현대화한 단위계이다.

미터계란 길이의 단위인 미터를 기본으로 한 단위계이다. 즉, 1 미터는 북극에서 프랑스 파리를 지나 적도까지 거리의 1천만분의 1로 정해졌다. 미터를 근간으로 하여 부피와 질량이 정해졌다. 즉, 부피 1 리터는 0.001 세제곱미터, 1 킬로그램은 4 ℃의 증류수 1 리터의 질량으로 정의되었다. 이렇게 정의된 미터와 킬로그램을 실제 사용할 수 있도록 1799년에 백금과 이리듐의 합금으로 미터자와 킬로그램 분동을 만들었다. 이것들이 미터법에 의한 최초의 길이와 질량의 표준이다.

그 후 1830년대에 요한 가우스(J. C.F. Gauss)는 지구 자기장을 측정하고 표현하는데 길이, 질량, 시간에 기반한 단위계를 처음으로 사용했다. 그리고 1860년대 제임스 맥스웰(J.C. Maxwell)과 켈빈(Kelvin) 경[2]은 가우스가 사용한 단위계를 바탕으로 기본단위와 유도단위를 가지는 '일관성 있는 단위계' 개념을 영국 과학발전협회(BAAS)에 공식적으로 제안했다. 이에 BAAS는 1874년에 길이, 질량, 시간의 단위로 센티미터, 그램, 초를 사용하는 CGS 단위계를 소개했다.

미터자와 킬로그램 분동이 만들어진지 76년 후인 1875년에 프랑스 파리에서 17개국이 참여하는 '미터협약'이 체결되었다. 이 협약에 의해 미터자와 킬로그램 분동의 검증에 대한 책임이 프랑스에서 국제기구로 이전되었다. 이 협약에 의해서 국제도량형총회(CGPM), 국제도량형위원회(CIPM), 국제도량형국(BIPM)이 창설되었다.[3]

---

1   국제단위계의 영문은 International System of Units이고, 줄임말로 SI를 쓰는데 이것은 프랑스어 Système International d'Unités에서 나왔다.
2   켈빈 경의 본명은 윌리엄 톰슨(1824~1907)이고 영국의 수리물리학자이자 공학자이다. 그는 대서양 횡단 해저 전신 케이블을 성공적으로 설치하는데 기여한 공적으로 기사(남작) 작위를 수여받았다.
3   http://www.bipm.org/en/about-us/

그런데 19세기 말에 전기 측정분야에는 세 가지 단위계가 혼용되고 있었다. 그것들은 CGS를 기반으로 한 정전기 단위계(가우스 단위계 또는 ESU라고도 함), CGS 기반의 전기역학 단위계(EMU), 그리고 MKS(미터 – 킬로그램 – 초) 단위계이다. 그런데 전기 측정량을 MKS 단위계의 길이, 질량, 시간만으로 표현할 수 없다는 것이 밝혀졌고, 이 문제를 해결하기 위해 지오르기(G. Giorgi)[4]는 1901년에 발표한 논문에서 전기 단위를 MKS 단위계의 네 번째 기본단위로 포함할 것을 제안했다. 그의 제안은 1935년에 국제전기기술위원회(IEC)에서 채택되었다. 그리고 1946년에 개최된 CIPM에서 전류의 단위 암페어를 기본단위로 채택함으로써 MKSA(미터 – 킬로그램 – 초 – 암페어) 단위계가 성립되었다.

1954년에 개최된 제10차 CGPM에서 열역학적 온도와 광도 단위를 포함한 6개 기본단위가 결정되었다. 6개의 기본단위와 유도단위를 근간으로 하는 국제단위계는 1960년에 개최된 제11차 CGPM에서 공식적으로 채택되었다. 일곱 번째의 기본단위로, 물질량의 단위인 몰이 1971년에 채택되었다. 이로써 현재의 7개 기본단위와 이것들의 조합으로 만들어진 유도단위를 갖는 국제단위계가 완성되었다.

그런데 SI는 기본적으로 진화하는 단위계이다. 새로운 과학적 원리가 발견되고 기술이 발전하여 측정의 정밀도가 높아지면 국제적 합의를 통해서 단위의 정의를 바꿀 수 있다. 이에 따라 기본단위의 정의는 역사적으로 바뀌어 왔고 앞으로도 바뀔 수 있다. 특히 2018년에 개최 예정인 26차 CGPM에서는 SI 역사상 가장 큰 변화가 생길 예정이다. 이런 변화에 대한 요구는 질량, 온도, 전기 단위 분야에서 더 절실하다.

여러 나라에서 킬로그램 단위를 구현하는데 사용되고 있는 국가 킬로그램원기는 국제 킬로그램원기(IPK)와 상호 비교되어 왔다. 그 결과에 의하면 지난 약 100년 동안 평균적으로 약 40 μg이 변했다.[5] 이 질량 변화는 원기의 표면에 수은 증기의 흡착과 탄소 오염이 원인이라고 밝혀졌다. 그래서 1999

---

4   지오반니 지오르기(1871~1950)는 이탈리아의 물리학자이자 전기 공학자이다.

5   M. Glaeser, *et al.*, Metrologia **47** (2010) 419 – 428.

년에 개최된 21차 CGPM에서 각 나라의 국가측정표준대표기관(NMI)들은 킬로그램 단위가 인공물에 의존하고 있는 이 상황을 해결할 것을 촉구하는 결의안을 채택했다.

한편, CIPM 산하의 온도자문위원회(CCT)가 2007년에 CIPM에 제출한 보고서에 의하면 열역학적 온도의 단위인 켈빈의 정의는 20 K 이하의 온도와 1300 K 이상의 온도에서는 정확도가 불충분하다고 했다. CCT는 이 문제를 해결하기 위해 켈빈의 정의를 물의 삼중점 대신에 볼츠만 상수를 사용할 것을 주장했다.

2007년에 개최된 23차 회의에서 CGPM은 모든 측정의 기준으로 기본물리상수를 사용하는 것에 대해 조사할 것을 CIPM에게 요청했다. 그 다음 해에 국제순수및응용물리연맹(IUPAP)은 이 제안에 대해 동의했다.

2011년에 개최된 24차 CGPM은 새로 바뀔 SI의 7개 기본단위의 정의에 대한 초안을 제시했다. 그리고 CODATA가 SI 단위 재정의에 필요한 기본물리 상수, 특히 h, e, k 및 N_A의 값과 그 측정불확도에 대한 정보를 지속적으로 제공해줄 것을 요청했다. CGPM의 요구에도 불구하고 단위 재정의를 위한 준비가 충분하지 못하여 2014년의 25차 CGPM에서 단위 재정의 안이 채택되지 못했다.

2015년 현재, CIPM 산하 CCU(단위 자문위원회)는 새로 만들어질 "국제단위계 제9판[6]"의 초안에 대해 각 나라의 국가측정표준대표기관이 검토 의견을 2016년 2월까지 제출해줄 것을 요청하고 있다. 이런 일련의 조치와 SI 단위와 관련된 기본물리상수 값의 불확도 개선 상황을 볼 때 2018년에 개최될 26차 CGPM에서 SI 단위들이 재정의 될 것으로 확실시된다.

CGPM 및 CIPM이 SI 단위에 대해 역사적으로 결정한 중요한 사항들은 다음과 같다.

---

6   Draft of 9th SI Brochure, BIPM, 11 December 2015.

1.1 길이의 단위

- 1889년(1차 CGPM): 국제 미터원기를 승인함
- 1927년(7차 CGPM): 미터원기에 의한 미터의 정의와 미터원기의 보관법을 발표함
- 1960년(11차 CGPM): 미터의 정의를 크립톤-86 원자에서 발생하는 복사선의 파장으로 재정의함
- 1975년(15차 CGPM): 진공에서의 빛의 속력의 값을 공고하고 사용을 권장함
- 1983년(17차 CGPM): 진공에서의 빛의 속력을 이용하여 미터를 재정의함
- 2002년(CIPM): 미터의 정의를 실제로 구현하는 방법(레이저 종류, 파장, 원자 및 이온 종류 등)을 발표함

1.2 질량의 단위

- 1889년(1차 CGPM): 국제 킬로그램원기를 승인함
- 1901년(3차 CGPM): 질량과 무게를 구분하고, 표준 중력가속도값을 발표함
- 1967년(CIPM): 1960년도 11차 CGPM에서 결정한, 십진 배수 및 십진 분수의 접두어를 기본단위에 붙일 때 질량의 경우는 예외적으로 킬로그램이 아니라 그램에 붙인다는 것을 공고함
- 1999년(21차 CGPM): 질량의 단위를 미래에 재정의할 수 있도록 각 나라의 국가연구기관들은 질량의 단위와 기본상수간의 관계에 관한 실험을 지속할 것을 권고함

1.3 시간의 단위

- 1956년(CIPM): 초의 정의를 1900년 태양년을 기준으로 정의함
- 1960년(11차 CGPM): 1956년 CIPM의 초의 정의를 비준함

- 1964년(CIPM): 앞으로 시간측정의 표준으로 세슘-133 원자의 초미세 준위 사이의 전이 주파수로 할 것을 선언함
- 1964년(12차 CGPM): CIPM에 원자 및 분자 주파수 표준기를 지명할 권한을 주고, 이 분야의 기구나 연구기관이 새로운 초의 정의에 관한 일을 추진할 것을 요청함
- 1967/68년(13차 CGPM): 세슘-133 원자의 초미세 전이를 이용한 시간의 단위 초의 정의를 채택함
- 1970년(CCDS): 국제원자시 TAI를 정의함
- 1971년(14차 CGPM): CIPM에 국제원자시 TAI를 정의하고, 확립에 필요한 조치를 취할 것을 요청함
- 1975년(15차 CGPM): 세계협정시 UTC가 많은 나라에서 법적으로 사용될 것이므로 세계협정시의 활용을 적극 권장함

1.4 전기의 단위

- 1946년(CIPM): 국제단위계에서 전기 단위(암페어, 볼트, 옴, 쿨롬 등)와 전기 단위의 정의에 들어가는 역학 단위(예: 줄, 와트)를 정의함
- 1971년(14차 CGPM): 전기전도도 단위로 '지멘스(기호: S)'를 채택함
- 1987년(18차 CGPM): 많은 연구기관에서 조셉슨 효과와 양자 홀 효과를 전압과 저항을 표현하는데 사용하고 있으므로 CIPM은 조속히 그 값을 공고할 것을 지시함
- 1988년(CIPM): 조셉슨 효과를 이용하여 전압을 나타낼 수 있도록 조셉슨 상수 K_{J-90}값을 채택하고 1990년도부터 사용할 것을 권고함
- 1988년(CIPM): 양자 홀 효과를 이용하여 저항을 나타낼 수 있도록 가장 최근의 폰클리칭 상수값을 고려하여 R_{K-90}값을 채택하고 1990년도부터 사용할 것을 권고함
- 2000년(CIPM): 양자 홀 효과가 저항의 표준을 확립하는데 사용될 수 있고, 1988년도에 비해 불확도가 약 두 배 줄어들었으므로 폰클리칭 상수를 저항의 표준값을 나타내는데 사용하는 것을 승인함

1.5 열역학적 온도의 단위

- 1948년(9차 CGPM): 열역학적 온도의 기준으로 물의 삼중점을 채택함. 물의 삼중점보다 0.01 도 낮은 온도를 섭씨온도 0 도로 채택함
- 1948년(CIPM): 섭씨온도 눈금으로 섭씨도(기호: ℃)를 채택함
- 1954년(10차 CGPM): 물의 삼중점이 정확히 273.10 °K가 되도록 열역학적 온도 눈금을 정의함. 표준 대기압을 정의함
- 1967/68년(13차 CGPM): 열역학적 온도의 정의와 온도의 단위(켈빈, 기호: K)를 결정함
- 1989년(CIPM): 국제온도눈금 1990(ITS-90)을 1990년 1월 1일부터 사용할 것을 권고함
- 2005년(CIPM): 켈빈의 정의에 물에 포함된 동위원소 구성비를 추가함

1.6 물질량의 단위

- 1971년(14차 CGPM): 일곱 번째 기본단위로 몰(기호: mol)을 채택함
- 1999년(21차 CGPM): 촉매활성도를 나타내는 SI 유도단위의 특별한 명칭으로 카탈(기호: kat)을 채택함

1.7 광도의 단위

- 1946년(CIPM): 광도 단위로 '신 촉광', 광선속의 단위로 '신 루멘'을 정의함
- 1967/68년(13차 CGPM): 칸델라(기호: cd)를 흑체에 관하여 정의함
- 1979년(16차 CGPM): 칸델라를 단색광에 대하여 재정의함

2 양과 단위

2.1 기본량과 기본단위

국제적 양의 체계(International System of Quantities)[7]에서 기본량은 전부 7개인데, 그것은 길이, 질량, 시간, 전류, 열역학적 온도, 물질의 양, 광도이다. 현재의 자연에 존재하는 모든 양과 물리법칙은 이 7개의 기본량을 바탕으로 한 유도량과 양 방정식(quantity equation)으로 표현할 수 있다. 이 기본량을 기반으로 만들어진 단위계가 국제단위계(SI)이다. SI는 기초과학에서뿐 아니라 국제무역, 제조업, 인간의 건강 및 안전 관련 분야, 환경 및 기후변화 연구 등 측정과 관련된 모든 분야에서 사용되고 있다. 기본량에 해당하는 SI 기본단위와 기호는 각각 미터(m), 킬로그램(kg), 초(s), 암페어(A), 켈빈(K), 몰 (mol), 칸델라(cd)이다. 이것을 정리한 것이 표 4.1에 나와 있다.

모든 양은 항상 수치와 단위의 곱으로 표현된다. 수치는 측정에 의해 구해지는데, 측정이란 측정 대상인 양을 단위와 비교하여 그 비(ratio)를 구하는 것이다. 이 관계를 기호로 표기하면 다음과 같다.

$$Q = \{Q\}[Q]$$

표 4.1 국제적 양의 체계의 7개 기본량과 그에 해당하는 SI 기본단위

기본량	양의 기호(이탤릭체)	SI 기본단위	단위의 기호(로만체)
길이	l, x, r 등	미터	m
질량	m	킬로그램	kg
시간	t	초	s
전류	I, i	암페어	A
열역학적 온도	T	켈빈	K
물질량	n	몰	mol
광도	I_V	칸델라	cd

7 참조: 국제표준화기구(ISO)에서 2009년에 발행한 ISO 80000-1 *Quantities and units. Part 1.*

Q는 양(quantity)을 의미하고, $\{Q\}$는 양의 수치, $[Q]$는 양의 단위를 의미한다.

이 관계를 항상 유지하기 위해 무차원 양인 경우에는 단위를 일(기호: 1)로 둔다. 그렇지만 단위로서의 1은 보통 표기하지 않는다. 양을 나타내는 기호는 이탤릭체로 표기하고 단위는 로만체(직립체)로 표기하는 것이 국제적으로 약속되어 있다. 이 규칙에 의해 진공에서 빛의 속력을 표현하면 다음과 같다. 단, 빛의 속력이라는 양을 나타내는 알파벳 c는 이탤릭체로 쓰고, 속력의 단위인 m/s는 직립체로 쓴다.

$$c = 299\ 792\ 458\ \text{m/s}$$

이것을 수치와 단위를 구분하는 괄호로 나타내면 $c = \{c\}[c]$ 이고, 각각 다음과 같다.

$$\{c\} = 299\ 792\ 458, \quad [c] = \text{m/s}$$

여기서 보는 것처럼 빛의 속력을 나타내는 기본상수는 수치와 단위로 되어 있다. 따라서 수치가 고정되면(불확도가 0인 값으로 되면) 단위가 정의된다. 즉, 속력의 단위는 m/s= c/299 792 458가 된다. 따라서 m= cs/299 792 458이므로, 미터는 진공에서의 빛의 속력과 시간의 단위인 초로부터 정의된다.

양을 나타내는 기호는 바뀔 수 있다. 예를 들면, 길이를 나타내는 기호는 표 4.1에서처럼 여러 가지가 가능하다. 진공에서 빛의 속력도 여기서는 c로 나타내었지만 c_0로 표기하기도 한다. 그렇지만 단위의 기호는 국제적으로 통일되어 있기 때문에 반드시 지켜야 한다. 그리고 단위의 표기에서 소문자와 대문자를 구분해야 한다. 예를 들면, 소문자 s는 시간의 단위인 초를 나타내지만, 대문자 S는 전기전도도의 단위인 지멘스를 나타낸다. 그리고 소문자 m은 미터를 나타내지만 대문자 M은 메가를 의미하는 접두어로서 의미가 전혀 다르다. 이와 비슷한 것으로 소문자 k는 1000을 나타내는 접두어이지만 대문자 K는 열역학적 온도의 단위인 켈빈이다.

2.2 유도단위(derived unit)

유도단위는 기본단위들의 곱이나 나누기로 만들어진 단위를 말한다. 예를 들면, 미터(m)를 두 번 곱하여 넓이를 나타내는 제곱미터(m^2)는 유도단위이다. 유도단위 중에는 특별한 명칭을 가진 유도단위가 있다. 어떤 유도단위가 여러 개의 기본단위들의 조합으로 표현될 때 그 유도단위에 특별한 명칭을 부여함으로써 표현을 간단히 할 수 있다.

예를 들면, 힘은 뉴턴의 운동방정식 $F = ma$에서 보는 것처럼 질량과 가속도의 곱으로 나타난다. 따라서 힘의 차원은 MLT^{-2}이고 이것을 SI 기본단위로 표시하면 $kg \cdot m \cdot s^{-2}$이다. 이 단위에 '뉴턴'이라는 특별한 명칭과 N이라는 특별한 기호를 부여함으로써 단위를 단순하게 표현할 수 있다. 국제단위계에는 특별한 명칭을 가진 유도단위가 총 22개 있다. 이것은 표 4.2에 정리되어 있다.

이 특별한 명칭과 기호를 가진 SI 유도단위들은 다른 SI 유도단위나 기본단위와 결합하여 더 많은 수의 유도단위들이 만들어진다. 예를 들면, 유전율은 패럿 매 미터(F/m)이고, 투자율은 헨리 매 미터(H/m)이다. 이것들은 모두 표 4.3에 정리되어 있다.

표 4.2 특별한 명칭과 기호를 가진 SI 유도단위 (22개)[8]

유도량	특별한 명칭	특별한 기호	SI 단위로 표시	SI 기본단위로 표시
평면각	라디안	rad	1	m/m
입체각	스테라디안	sr	1	m^2/m^2
주파수	헤르츠	Hz		s^{-1}
힘	뉴턴	N		$m\ kg\ s^{-2}$
압력, 응력	파스칼	Pa	N/m^2	$m^{-1}\ kg\ s^{-2}$
에너지, 일, 열량	줄	J	N m	$m^2\ kg\ s^{-2}$
일률, 복사선속 (radiant flux)	와트	W	J/s	$m^2\ kg\ s^{-3}$
전하, 전기량	쿨롬	C		s A
전위차, 기전력	볼트	V	W/A	$m^2\ kg\ s^{-3}\ A^{-1}$
전기용량	패럿	F	C/V	$m^{-2}\ kg^{-1}\ s^4\ A^2$
전기저항	옴	Ω	V/A	$m^2\ kg\ s^{-3}\ A^{-2}$
전기 전도도	지멘스	S	A/V	$m^{-2}\ kg^{-1}\ s^3\ A^2$
자기선속 (magnetic flux)	웨버	Wb	V s	$m^2\ kg\ s^{-2}\ A^{-1}$
자기선속밀도	테슬라	T	Wb/m^2	$kg\ s^{-2}\ A^{-1}$
인덕턴스	헨리	H	Wb/A	$m^2\ kg\ s^{-2}\ A^{-2}$
섭씨온도	섭씨도	℃		K
광선속(luminous flux)	루멘	lm	cd sr	cd
조명도(illuminance)	럭스	lx	lm/m^2	$m^{-2}\ cd$
방사성 핵종의 활성도	베크렐	Bq		s^{-1}
흡수선량, 커마 (absorbed dose)	그레이	Gy	J/kg	$m^2\ s^{-2}$
선량당량 (dose equivalent)	시버트	Sv	J/kg	$m^2\ s^{-2}$
촉매활성도 (catalytic activity)	카탈	kat		$s^{-1}\ mol$

■ ■

8 이 책에 나오는 양과 단위의 한국어 명칭은 한국표준과학연구원에서 2006년에 발행한 "국제단위계(제8판)" 및 2008년에 발행한 "측정학 – 요람(제3판)"을 따름.

표 4.3 **특별한 명칭과 기호를 가진 SI 유도단위를 포함하는 SI 유도단위의 예**

유도량	명칭	기호	SI 기본단위로 표시
힘의 모멘트	뉴턴 미터	N m	m^2 kg s^{-2}
표면장력	뉴턴 매 미터	N/m	kg s^{-2}
각속도	라디안 매 초	rad/s	m m^{-1} s^{-1} = s^{-1}
각가속도	라디안 매 초 제곱	rad/s^2	m m^{-1} s^{-2} = s^{-2}
열속밀도, 복사조도	와트 매 초 제곱	W/m^2	kg s^{-3}
열용량, 엔트로피	줄 매 켈빈	J/K	m^2 kg s^{-2} K^{-1}
비열용량, 비엔트로피	줄 매 킬로그램 켈빈	J/(kg K)	m^2 s^{-2} K^{-1}
비 에너지	줄 매 킬로그램	J/kg	m^2 s^{-2}
열전도도	와트 매 미터 켈빈	W/(m K)	m kg s^{-3} K^{-1}
에너지 밀도	줄 매 세제곱미터	J/m^3	m^{-1} kg s^{-2}
전기장의 세기	볼트 매 미터	V/m	m kg s^{-3} A^{-1}
전하밀도	쿨롬 매 세제곱미터	C/m^3	m^{-3} s A
표면전하밀도	쿨롬 매 제곱미터	C/m^2	m^{-2} s A
전기선속밀도, 전기변위	쿨롬 매 제곱미터	C/m^2	m^{-2} s A
유전율	패럿 매 미터	F/m	m^{-3} kg^{-1} s^4 A^2
투자율	헨리 매 미터	H/m	m kg s^{-2} A^{-2}
몰 에너지	줄 매 몰	J/mol	m^2 kg s^{-2} mol^{-1}
몰엔트로피, 몰열용량	줄 매 몰 켈빈	J/(mol K)	m^2 kg s^{-2} K^{-1} mol^{-1}
복사도 (radiant intensity)	와트 매 스테라디안	W/sr	m^4 m^{-2} kg s^{-3} = m^2 kg s^{-3}
복사휘도 (radiance)	와트 매 제곱미터 스테라디안	W/(m^2 sr)	m^2 m^{-2} kg s^{-3} = kg s^{-3}

2.3 SI 접두어, 양, 단위의 표현법

어떤 양의 값이 아주 크거나 아주 작은 경우 숫자 0 대신에 접두어를 붙여서 표현을 간단하게 한다. 이런 접두어는 표 4.4에 나타난 것처럼 큰 수를 나타내는 것 10개와 작은 수를 나타내는 것 10개를 포함하여 총 20개가 있다.

표 4.4 SI 접두어

배수	명칭	기호	배수	명칭	기호
10^{1}	데카	da	10^{-1}	데시	d
10^{2}	헥토	h	10^{-2}	센티	c
10^{3}	킬로	k	10^{-3}	밀리	m
10^{6}	메가	M	10^{-6}	마이크로	μ
10^{9}	기가	G	10^{-9}	나노	n
10^{12}	테라	T	10^{-12}	피코	p
10^{15}	페타	P	10^{-15}	펨토	f
10^{18}	엑사	E	10^{-18}	아토	a
10^{21}	제타	Z	10^{-21}	젭토	z
10^{24}	요타	Y	10^{-24}	욕토	y

그런데 질량의 기본단위는 그램(g)이 아니고 킬로그램(kg)이다. 접두어가 붙은 킬로그램이 기본단위로 결정된 것은 질량의 국제원기를 처음 만들 때 킬로그램이라고 했기 때문이다. 그런데 킬로그램의 백만분의 일(즉, 10^{-6} kg)을 나타낼 때 마이크로 킬로그램(μkg)으로 나타내지 않고 밀리그램(mg)으로 나타낸다는 것을 유의해야 한다. 즉, 접두어는 단위 앞에 하나만 사용하도록 되어있다.

접두어는 단위의 표기법과 마찬가지로 로만체(직립체)를 써야 한다. 그리고 접두어는 단위의 일부분이므로 반드시 단위 앞에 붙여서 사용하고, 단독으로 사용하지 않는다.

어떤 양을 수치와 단위로 표시할 때 그 둘은 모두 일반적인 산술법칙을 따른다. 다시 말하면 단위를 나타내는 기호는 약어가 아니고 수학적 양이다. 그렇기 때문에 곱하거나 나누기를 할 수 있다. 예를 들면, "온도는 293 K"라는 것을 식으로 표현하면 "$T = 293$ K"이다. 여기서 단위 K는 수학적 양이기 때문에 좌변으로 이항하여 $T/K = 293$로 쓸 수 있다. 이런 식의 표현은 여러 개의 온도값을 표로 나타내거나 그래프에 그릴 때 자주 사용된다. 수치마다 일일이 단위를 표시하지 않아도 되므로 편리하다. 그리고 다음과 같이 표현하는 것이 모두 가능하다.

$$10^3 \text{ K}/T = \text{kK}/T = 10^3 (T/\text{K})^{-1}$$

그런데 접두어는 단독으로 쓸 수 없으므로, 마지막 항에서 $10^3(T/\text{K})^{-1}$을 $k(T/\text{K})^{-1}$로 쓰는 것은 잘못된 표현이다. 위와 비슷한 표현으로 열역학적 온도(T)로부터 섭씨온도(t)를 계산하는 식을 다음과 같이 쓸 수 있다.

$$t/^\circ\text{C} = T/\text{K} - 273.15$$

백만분의 1을 의미하는 ppm은 SI 단위가 아니지만 사용하는 것이 허용된다. 그러나 10^9분의 1과 10^{12}분의 1을 의미하는 ppb나 ppt는 가능하면 사용하지 않는 것이 좋다. 왜냐하면 나라에 따라 b(billion)나 t(trillion)가 의미하는 숫자가 다르기 때문이다.

2.4 비 SI 단위지만 사용이 허용된 단위들

국제적으로 오랫동안 널리 사용되어 왔고 또 앞으로도 계속 사용될 것으로 예상되는 비 SI 단위들을 SI 단위와 같이 사용하는 것을 CIPM은 허용하였다. 비 SI 단위들 중에서 시간 단위를 제외한 단위들은 SI 접두어를 붙여서 사용할 수 있다.

각도를 나타내는 도, 분, 초와 퍼센트(%)는 비 SI 단위지만 SI 단위와 함께 사용하는 것이 허용된다. 마찬가지로 시간의 단위인 분(min), 시간(h), 일(d), 면적의 단위인 헥타르(ha), 부피의 리터(L), 질량의 톤(t)도 모두 비 SI 단위이지만 사용할 수 있다.

특정 분야에서 널리 사용되는 비 SI 단위들이 있다. 예를 들면, 기상학에서는 대기압을 나타낼 때 흔히 바아(기호: bar) 단위를 사용한다. 이것과 압력의 SI 단위인 파스칼(Pa)과의 관계는 1 bar = 100 kPa이다. 이와 비슷하게 사람의 혈압을 나타낼 때는 수은주 밀리미터(기호: mmHg) 단위로 표시한다. 1 mmHg ≈ 133.322 Pa이다. 이것들은 모두 SI 단위와 같이 사용할 수 있다.

원자물리나 핵물리 분야에서는 에너지를 표현할 때 줄(기호: J) 대신에 전자볼트(기호: eV)를 주로 사용한다. 전자볼트는 '진공 중에서 1 볼트의 전위

표 4.5 사용이 허용된 비 SI 단위들

양	단위	기호	SI 단위로 나타낸 값
시간	분	min	1 min=60 s
	시간	h	1 h=60 min=3600 s
	일	d	1 d=24 h=86 400 s
길이	천문단위	au	1 au=149 597 870 700 m
평면각	도	°	$1°=(\pi/180)$ rad
	분	′	$1′=(1/60)°=(\pi/10\ 800)$ rad
	초	″	$1″=(1/60)′=(\pi/648\ 000)$ rad
면적	헥타르	ha	$1\ ha=1\ hm^2=10^4\ m^2$
부피	리터	L, l	$1\ L=1\ l=1\ dm^3=10^3\ cm^3=10^{-3}\ m^3$
질량	톤	t	$1\ t=10^3\ kg$
	달톤	Da	$1\ Da=1.660\ 538\ 86(28)\times10^{-27}\ kg$
에너지	전자볼트	eV	$1\ eV=1.602\ 176\ 565\times10^{-19}\ J$
로그비양 (ratio quantities)	네퍼	Np	(주의) 네퍼, 벨, 데시벨을 사용할 때는 측정하는 물리량의 특성과 사용된 기준값을 명시하는 것이 중요함
	벨	B	
	데시벨	dB	

차를 거슬러 올라갈 때 전자의 운동 에너지'로 정의되는데, 개념적으로 이해하기도 편하고, 측정불확도가 작다. 전자의 질량을 에너지로 표시하면 $m_e c^2 \simeq 8.817\times10^{-14}\ J \simeq 0.510\ MeV$이다. CODATA-2014에 의하면 줄의 경우 상대불확도는 1.2×10^{-8}이지만, 전자볼트의 경우는 6.2×10^{-9}로서 더 작다.

비 SI 질량단위로서 원자질량 단위(기호: u)와 달톤[9](기호: Da)이 있다. 이 둘은 모두 탄소-12 원자의 정지 질량의 1/12로 정의된다. 즉, 1 u=1 Da $=m(^{12}C)/12$이다. 달톤은 질량이 아주 큰 분자를 나타낼 때는 접두어를 붙여서 kDa이나 MDa를 쓰고, 질량이 아주 작은 것에는 nDa이나 pDa를 사용하기도 한다.

■■ ■

9 원자질량의 단위 '달톤'은 영국의 화학자이자 물리학자인 존 달톤(John Dalton, 1766~1844)의 이름에서 유래했다. 그는 1801년에 원자설을 제창하여 근대화학을 확립하는 데 기여했다.

3 기존 SI 기본단위의 정의

1960년에 만들어진 SI는 1971년에 물질의 양의 단위인 몰을 포함함으로써 현재와 같이 7개 기본단위를 갖게 되었다. 이 기본단위들의 정의는 표 4.6에 나와 있다. 이 정의들은 내용적으로 다음과 같이 서로 다른 네 가지로 분류될 수 있다.

- 국제 킬로그램원기라는 인공물로 정의된 킬로그램 단위
- 물의 삼중점이라는 물질의 성질로 정의된 켈빈 단위
- 이상적인 실험 조건으로 정의된 암페어와 칸델라의 단위
- 빛의 속력과 같은 기본상수로 정의된 미터의 단위

그리고 이 정의들을 자세히 살펴보면 각 정의마다 다음과 같이 상수에 해당하는 숫자가 포함되어 있음을 알 수 있다.

- 미터의 정의에서 나오는 299 792 458은 진공에서의 빛의 속력(c)에서 나왔다.
- 초의 정의에서 나오는 9 192 631 770은 세슘-133 원자의 바닥상태에 있는 두 초미세 준위 간의 전이 주파수($\Delta\nu_{Cs}$)에서 나왔다.
- 암페어의 정의에서 나오는 2×10^{-7} 뉴턴은 암페어의 힘의 법칙에 포함된 자기상수(μ_0)의 값 $\mu_0 = 4\pi\times10^{-7}$ N/A^{2}에서 나왔다.
- 켈빈의 정의에서 나오는 273.16은 물의 삼중점(T_{TPW})의 온도에서 나왔다.
- 몰의 정의에서 나오는 0.012 킬로그램은 탄소-12의 몰질량 $M(^{12}C) = 12 \times10^{-3}$ kg mol^{-1}에서 나왔다.

이 단위들을 실제로 사용하기 위해서는 이 정의를 구현할 수 있어야 한다. 그런데 킬로그램은 단위의 정의와 단위의 구현이 국제 킬로그램원기라는 인공물을 통해 동시에 이루어진다. 옛날에는 단위가 전부 이런 식으로 만들어졌었다. 이 방식은 간단하고 명확하다는 장점이 있다. 그렇지만 인공물은 잃어버리거나 손상될 수 있고, 세월이 흐름에 따라 변한다는 단점이 있다.

표 4.6 기존 SI 기본단위의 정의

기본량	기본단위(기호)	정의
시간	초(s)	초는 세슘-133 원자의 바닥상태에 있는 두 초미세준위 사이의 전이에 대응하는 복사선의 9 192 631 770 주기의 지속 시간이다.
길이	미터(m)	미터는 빛이 진공 중에서 1/299 792 458 초 동안 진행한 경로의 길이이다.
질량	킬로그램(kg)	킬로그램은 국제 킬로그램원기의 질량과 같다.
전류	암페어(A)	암페어는 무한히 길고 무시할 수 있을 만큼 작은 원형 단면적을 가진 두 개의 평행한 직선 도체가 진공 중에서 1 미터의 간격으로 유지될 때, 두 도체 사이에 1 미터당 2×10^{-7} 뉴턴의 힘을 생기게 하는 일정한 전류이다.
열역학적 온도	켈빈(K)	켈빈은 물의 삼중점의 열역학적 온도의 1/273.16이다.
물질량	몰(mol)	몰은 탄소-12의 0.012 킬로그램에 있는 원자의 개수와 같은 수의 구성요소를 갖는 어떤 계의 물질량이다. 몰을 사용할 때는 구성요소를 반드시 명시해야 하며, 이 구성요소는 원자, 분자, 이온, 전자, 기타 입자 혹은 입자들의 특정한 집합체가 될 수 있다.
광도	칸델라(cd)	칸델라는 진동수 540×10^{12} 헤르츠인 단색광을 방출하는 광원의 복사도가 어떤 주어진 방향으로 1 스테라디안당 1/683 와트일 때 이 방향에 대한 광도이다.

　실제로 국제 킬로그램원기는 지난 100여 년 동안 그 값이 조금씩 계속 변해왔다. 또한 1 kg만이 원기와 직접 비교할 수 있고 그보다 무겁거나 가벼운 질량은 직접 비교할 원기가 없다. 이런 경우에는 여러 단계의 비교 측정이나 다른 단위로 측정한 후 단위 간의 환산 과정이 필요하다. 이로 인해 측정값의 불확도는 커지게 된다.

　킬로그램 외 나머지 단위들의 정의는 킬로그램에 비해 추상적이고 간접적이다. 그러나 단위의 정의와 구현이 개념적으로 분리되어 있으므로, 단위를 장소와 시간에 상관없이 구현하는 것이 가능하다. 또한 기술이 발전함에 따라 단위를 재정의하지 않더라도 새롭고 더 나은 방법으로 더 정확하게 구현할 수 있다. 이것의 대표적인 예가 미터이다. 미터도 처음에는 킬로그램과 같이 인공물로 단위가 정의되었었다. 그 후 크립톤 원자에서 나오는 빛의 파장으로 정의되었다가 현재는 앞에서 본 것처럼 빛의 속력을 바탕으로 정의되어 있다. 앞으로 모든 단위들은 이처럼 기본상수를 바탕으로 정의하게 된다.

SI 단위의 정의는 측정소급성(metrological traceability)에서 가장 높은 단계에 있다. 좀 더 쉽게 설명하면 어떤 1 미터 자가 더 정확한지 비교할 때 가장 정확한 것은 미터의 정의라는 뜻이다. 세계 여러 나라의 측정연구기관들은 SI에의 측정소급성을 확보하기 위해 단위의 정의를 각자 구현하고 있다. 각 나라에서 구현된 단위와 측정 능력의 동등성을 보증할 수 있도록 CIPM 산하의 자문위원회(CC)들은 국제적 비교 체계를 제공하고 있다.

국제표준화기구들은 양과 단위에 관해 더욱 상세한 내용과 규칙 등을 명시하고 있다. 구체적인 것은 ISO/IEC 80000 시리즈에 명시되어 있다. 그렇지만 SI와 관련된 내용은 무엇이든 CGPM이 최고 권위를 가지는 국제기구이므로 그들이 결정하고 권고하는 내용을 참고하는 것이 바람직하다.

기존 SI 단위계에서 단위들 사이의 관계도를 나타낸 것이 그림 4.1이다. 그림에서 화살표는 단위가 다른 단위의 정의에 미치는 영향을 나타낸다. 초(s)와 킬로그램(kg)에서 나가는 화살표가 모두 3개로 가장 많다. 이것은 초와 킬

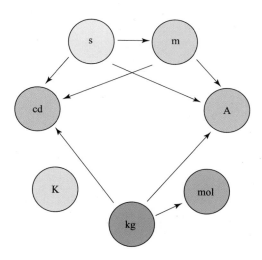

그림 4.1 기존 SI 단위계에서 단위들 사이의 관계도

로그램이 다른 단위에 미치는 영향이 가장 크다는 것을 뜻한다. 그 다음은
미터(m)로서 2개의 화살표가 나간다. 이에 비해 칸델라(cd)와 암페어(A)는
모두 들어오는 화살표만 3개씩 있는데, 이것은 이 단위들이 다른 단위에 대
한 의존성이 가장 크다는 것을 뜻한다. 한편 켈빈(K)은 다른 단위와 연결선
이 하나도 없이 단독으로 존재한다.

4 새 SI에서 단위를 정의하는 상수

새 SI는 일곱 개 상수의 값을 고정시킴으로써 만들어진다.[10] 이 일곱 개의
상수를 '정의하는 상수(defining constants)'라고 부른다. 표 4.7에는 이 상수
들과 그것들이 나타내는 양 및 상수의 정의가 나와 있다. 이 상수들이 나타내
는 양과 단위는 각각 주파수(Hz), 속력(m/s), 액션(J s), 전하(C), 열용량(J/K)
등이다. 이 양과 단위들을 새 SI에서 기본량과 기본단위로 사용할 수 있다.
그렇지만 지금까지 사람들이 널리 사용하여 친숙해져 있는 기존 SI 기본단위

표 4.7 새 SI에서 단위를 정의하는 7개의 상수

정의하는 상수	상수가 나타내는 양	상수의 정의
$\Delta\nu_{Cs}$	주파수	세슘-133 원자의 섭동이 없는 바닥상태의 초미세 분할 주파수 $\Delta\nu_{Cs}$는 9 192 631 770 Hz이다.
c	속력	진공에서의 빛의 속력 c는 299 792 458 m/s이다.
h	액션	플랑크 상수 h는 $6.626\ 070\ 040\times10^{-34}$ J s이다.
e	전하	기본전하 e는 $1.602\ 176\ 6208\times10^{-19}$ C이다.
k	열용량	볼츠만 상수 k는 $1.380\ 648\ 52\times10^{-23}$ J/K이다.
N_A	물질량	아보가드로 상수 N_A는 $6.022\ 140\ 857\times10^{23}$ mol^{-1}이다.
K_{cd}	시감효능	주파수가 540×10^{12} 헤르츠인 단색광의 시감효능 K_{cd}는 683 lm/W이다.

10 J. Fischer and J. Ullrich, Nature Physics **12**, January 2016, pp.4-7.

의 연속성을 위해서 시간(s), 길이(m), 질량(kg), 전류(A), 열역학적 온도(K) 등을 새 SI에서도 여전히 기본단위로 사용한다. 그러므로 새 SI에서 기본단위들은 이 상수들의 정의로부터 유도되어 나온다. 자세한 것은 다음 절에서 설명한다.

표에 나타난 상수값들 중 플랑크 상수(h), 기본전하(e), 볼츠만 상수(k), 아보가드로 상수(N_A)의 값들은 CODATA-2014에 수록된 것으로, 이 값들의 마지막 몇 자리는 2018년도에 개최될 26차 CGPM에서 최종 결정될 것이다.

이 상수들의 특징을 간략히 알아보자. 먼저, 플랑크 상수 h와 진공에서의 빛의 속력 c는 가장 보편적인 기본상수들이다. 이것들은 각각 양자현상과 시공간 특성을 결정한다.

기본전하 e는 미세구조상수와의 관계식 $\alpha = e^2/(2c\epsilon_0 h)$에 나타난 것처럼 전자기적 상호작용에서 결합의 세기와 관계된다. 어떤 물리이론은 α값이 시간에 따라 변할 것으로 예측하고 있다. 하지만 지금까지 α값의 변화 가능성에 관한 실험 결과는 불확도가 평균값보다 훨씬 커서 무시할 수 있다.[11]

볼츠만 상수 k는 통계역학에서 등장한다. 온도는 압력이나 부피와 같이 많은 수의 분자들이 모였을 때 나타나는 집단 성질의 하나이다. 하나의 거시 상태(예: 특정 온도)에 해당하는 미시 상태(예: 분자의 상태)의 수는 엄청나게 많다. 이 미시 상태의 수를 접근 가능한 상태의 수라고 하고 Ω로 나타낸다. 이 수는 워낙 크기 때문에 로그를 취해서 다루기 편하게 한다. 이것을 '엔트로피'라 부르고 S로 나타낸다. $S = k \log \Omega$의 관계식으로 엔트로피 S와 접근 가능한 상태의 수 Ω를 연결하는데 여기에 볼츠만 상수 k가 들어간다. 그런데 어떤 계에서 엔트로피는 에너지의 함수인데, 열 에너지의 변화(dE)에 대한 엔트로피의 변화율이 열역학적 온도의 역수이다. 즉, $1/T \equiv dS/dE$이다. 여기서 볼츠만 상수는 온도 단위(켈빈)와 에너지 단위(줄) 사이의 환산인자로서 J/K의 단위를 갖는다.

세슘원자의 초미세 준위 사이의 주파수 $\Delta\nu_{Cs}$는 전자기장과 같은 환경조건에 의해 영향을 받는다. 그렇지만 이 전이주파수는 잘 알려져 있고 아주

---

11 제5장 기본상수의 불변성에 관한 연구에서 자세히 설명함.

안정되어 있기 때문에 실질적인 기준으로서 아주 좋은 선택이다. $\Delta\nu_{Cs}$는 h, c, e, k와 달리 세슘원자와 그것의 초미세 준위를 명시하고 있기 때문에 단위의 정의와 단위의 구현이 분리되지 않는다. 그렇기 때문에 언젠가 더 일반적인 기본상수로 바뀔 것이다.

아보가드로 상수 N_A는 물질의 양의 단위(몰)와 세는 수의 단위(1) 사이를 연결하는 환산인자에 해당한다. 이것은 볼츠만 상수와 마찬가지로 비례상수와 같은 성질을 가진다.

시감효능 K_{cd}는 기술적 상수(technical constant)로서, 광도의 단위를 새 SI의 기준틀에 맞추기 위해 일부러 도입한 상수이다. 이것은 사람 눈에 가장 민감한 녹색 빛의 주파수 540×10^{12} 헤르츠에서 광원의 복사선속(단위: W)을 사람 눈이 느끼는 광선속(단위: lm)으로 환산하는 인자다.

한편, 에너지는 다음과 같은 여러 관계식으로 표현할 수 있다. 이 식에서 플랑크 상수 h, 빛의 속력 c, 기본전하 e, 볼츠만 상수 k값이 새 SI에서 고정된 값을 가지게 되면 단위들 사이에서 환산하더라도 불확도가 추가되지 않는다.

$$E = h\nu = mc^2 = eV = kT$$

예를 들면, 전자나 양성자의 질량을 구할 때 질량을 직접 측정하기보다 그들이 갖는 에너지를 측정한 후 위 관계식을 이용하여 환산한다. 즉, 전자의 에너지를 전자볼트(eV)로 측정하고, 질량은 $m = eV/c^2$ 관계식에서 킬로그램 단위로 환산한다. 그런데 e의 불확도가 0이 되면 전위차 V의 측정 불확도만 m의 불확도에 전파된다. 따라서 환산 때문에 불확도가 추가되지 않는다.

조셉슨 상수는 $K_J = 2e/h$이고, 폰클리칭 상수는 $R_K = h/e^2$로서 e와 h로 구성되어 있다. 따라서 새 SI에서는 모두 불확도가 0이 된다. 이와 마찬가지로 패러데이 상수 $F = N_A e$, 슈테판–볼츠만(Stefan-Boltzmann) 상수 $\sigma = (\pi^2/60)k^4/\hbar^3 c^2$도 모두 불확도가 0이 된다.

이와 반대로 새 SI에서 불확도가 새로 생기는 것들도 있다. 물의 삼중점, 전기상수, 자기상수 등은 현재 불확도가 0이지만 새 SI에서는 새로 측정하여 결정해야 한다. 이에 따라 불확도를 갖게 된다. 이것을 정리한 것이 표 4.8에 나와 있다.

표 4.8 새 SI에서 기본상수들의 상대불확도 u_r [12]

양	기호	기존 SI($u_r \times 10^9$)	새 SI($u_r \times 10^9$)
국제 킬로그램원기	$m(K)$	0	44
진공의 투자율, 자기 상수	μ_0	0	0.32
진공의 유전율, 전기 상수	ϵ_0	0	0.32
물의 삼중점	T_{TPW}	0	910
탄소-12의 몰질량	$M(^{12}C)$	0	0.70
플랑크 상수	h	44	0
기본 전하	e	22	0
볼츠만 상수	k	910	0
아보가드로 상수	N_A	44	0
몰기체 상수	R	910	0
패러데이 상수	F	22	0
슈테판-볼츠만 상수	σ	3600	0
전자 질량	m_e	44	0.64
원자질량 단위	m_u	44	0.70
탄소-12의 질량	$m(^{12}C)$	44	0.70
조셉슨 상수	K_J	22	0
폰클리칭 상수	R_K	0.32	0
미세구조 상수	α	0.32	0.32
$E=mc^2$ 에너지 등가	J $\leftrightarrow$ kg	0	0
$E=hc/\lambda$ 에너지 등가	J $\leftrightarrow$ m^{-1}	44	0
$E=h\nu$ 에너지 등가	J $\leftrightarrow$ Hz	44	0
$E=kT$ 에너지 등가	J $\leftrightarrow$ K	910	0
1 J=1(C/e) eV 에너지 등가	J $\leftrightarrow$ eV	22	0

12 David B. Newell, Physics Today, July 2014, p.39(단, 표 4.8의 새 SI의 상대불확도 중 0인 아닌 것은 2018년에 확정될 것이다.).

5 새 SI 기본단위의 정의

새 SI에서도 기본단위는 기존의 7개 단위가 그대로 유지된다. 그런데 기존에 선택된 기본단위들이 결코 유일한 선택은 아니다. 예를 들면, 전류의 단위 암페어가 현재 전기의 기본단위로 정의되어 있다. 이것을 전압의 단위인 볼트나 저항의 단위인 옴으로 바꾼다고 하여 기술적으로 문제될 것은 없다. 오히려 볼트나 옴으로 바꾸는 것이 단위 구현에 더 도움이 될 수 있다. 왜냐하면 조셉슨 효과에 의한 양자전압이나 양자 홀 효과에 의한 양자저항은 전기 분야 측정에서 실용단위로 실제 사용되고 있기 때문이다(참조: 제2장 5절 채택된 상수들). 그렇지만 기존의 암페어 단위가 사용자들에게 이미 친숙해져 있기 때문에 단위 사용의 연속성을 위해 이것들을 계속 유지하는 것이다. 이와 함께 SI 단위를 정의하는 방법이 달라지더라도 측정값에서 연속성이 유지되도록 하는 것이 중요하다.

기존 SI에서 질량과 플랑크 상수와의 관계는 킬로그램 단위의 불확도는 0이고, 플랑크 상수의 상대불확도는 1.2×10^{-8}이다. 그런데 새 SI에서는 플랑크 상수의 불확도를 0으로 만들려고 하는데, 새 킬로그램 정의를 구현하는 방법으로 측정한 플랑크 상수의 불확도가 기존 SI에서와 비슷한 수치가 나와야만 측정값의 연속성이 유지된다. 그래서 CIPM 산하의 CCM(질량 및 관련량 자문위원회)에서는 킬로그램 재정의에 필요 요건으로 다음 두 가지를 제시했다.

(i) 독립적으로 수행된 3개 이상의 실험에서 플랑크 상수의 값이 5×10^{-8} 이하에서 서로 일치해야 하고, (ii) 그중 최소한 하나의 결과는 2×10^{-8} 이하의 상대불확도를 가져야 한다. 이 중 두 번째 요건은 캐나다 NRC의 와트 저울과 국제 아보가드로 연구팀 IAC에서 구한 결과가 만족시키고 있다. 그렇지만 첫 번째 요건이 2015년 현재 충족되지 않았다. 이 요건 충족에 가장 가까이 있는 미국 NIST에서는 이 목표 달성을 위해 새로 제작한 NIST-4 와트 저울로써 실험이 진행 중이다. 이 실험결과는 새 SI를 위한 데이터 제출 마감 시한인 2017년 7월 1일 이전에 첫 번째 요건을 충족시킬 것으로 기대하고 있다.

이와 같은 맥락에서, 켈빈을 새로 정의하기 위해 볼츠만 상수값을 결정하는 데도 비슷한 요건이 적용되고 있다. CCT(온도자문위원회)는 볼츠만 상수 결정의 필요요건으로 다음 두 가지 사항을 제시했다.[13, 14] (i) 볼츠만 상수 k의 조정된 값의 불확도는 1×10^{-6}보다 작아야 한다. (ii) k값을 결정할 때 근본적으로 다른 두 가지 이상의 방법이 사용되어야 하고, 각 방법에서 적어도 하나의 결과는 3×10^{-6}보다 작은 상대불확도를 가져야 한다.

CODATA-2014에서 k값(조정된 값)의 상대불확도는 5.7×10^{-7}으로 첫 번째 요건을 이미 충족시켰다. 이에 비해 두 번째 요건은 2015년 현재 아직 충족되지 못하고 있다. 즉, 미국 NIST, 프랑스 LNE, 영국 NPL은 모두 음향기체온도측정법(AGT)으로 볼츠만 상수를 결정했는데, 3×10^{-6}의 불확도를 얻었다. 이 문제를 해결하기 위해 독일 PTB에서는 유전상수기체온도측정 방법을, 중국 NIM에서는 존슨잡음 온도측정 방법을 사용하여 k값 측정을 수행했는데, 두 곳 모두 4×10^{-6}의 상대불확도가 나왔다. 이 불확도가 필요 요건에 거의 가깝기 때문에 데이터 제출 마감일 이전에는 충족될 것으로 기대하고 있다.

표 4.9 새 SI에서 7개의 정의하는 상수와 그 상수들이 정의하는 7개의 단위

정의하는 상수	기호	수치	단위
세슘의 초미세 분리	$\Delta\nu_{Cs}$	9 192 631 770	$Hz=s^{-1}$
진공에서의 빛의 속력	c	299 792 458	$m\,s^{-1}$
플랑크 상수	h	$6.626\ 070\ 040 \times 10^{-34}$	$J\,s=kg\,m^2\,s^{-1}$
기본 전하	e	$1.602\ 176\ 620\ 8 \times 10^{-19}$	$C=A\,s$
볼츠만 상수	k	$1.380\ 648\ 52 \times 10^{-23}$	$J\,K^{-1}$
아보가드로 상수	N_A	$6.022\ 140\ 857 \times 10^{23}$	mol^{-1}
시감 효능	K_{cd}	683	$1\,m\,W^{-1}=cd\,sr\,W^{-1}$

단, 4개 상수 (h, e, k, N_A)의 최종 수치는 2018년 CGPM에서 결정될 것임

13   D.R. White and J. Fischer, Metrologia, **52** (2015) S213－S216.
14   J. Fisher, Metrologia **52** (2015) S364－S375.

여기서 소개하는 새 SI 단위들의 정의는 BIPM에서 2013년도에 발행하였고 2015년에 수정한 것으로, 2018년도 개최될 CGPM을 위한 초안이다.[15, 16] 표 4.9는 새 SI에서 가장 중요한 것으로, 초안에 나오는 정의하는 상수와 그 수치들이다.

5.1 시간의 SI 단위, 초

> "초(기호: s)는 시간의 SI 단위이다. 초는 세슘-133 원자의 섭동이 없는 바닥상태의 초미세 분리 주파수인 세슘 주파수 $\Delta\nu_{Cs}$의 수치를 주기적 현상에 대해서는 s^{-1}과 동일한 Hz 단위로 나타낼 때, 9 192 631 770으로 고정함으로써 정의된다."

이 정의는 $\Delta\nu_{Cs}$ = 9 192 631 770 Hz의 정확한 관계를 의미한다. 이것을 정의하는 상수 $\Delta\nu_{Cs}$에 관해서 초에 대한 표현으로 정리하면 다음과 같이 된다.

$$Hz = \frac{\Delta\nu_{Cs}}{9\ 192\ 631\ 770} \quad \text{또는} \quad s = \frac{9\ 192\ 631\ 770}{\Delta\nu_{Cs}}$$

이 정의의 결과는 기존 SI 초의 정의인 "초는 세슘-133 원자의 섭동이 없는 바닥상태의 두 초미세 준위 사이의 전이에 대응하는 복사선의 9 192 631 770 주기의 지속시간"과 동일하다.

SI 초의 정의에서 섭동이 없는 세슘원자라는 것은 흑체복사와 같이 세슘원자의 상태에 영향을 미치는 외부 장의 영향이 없다는 것을 뜻한다. 이렇게 정의된 초는 일반상대성 이론의 관점에서 고유 시간(proper time)의 단위이다. 그리고 협정시간 척도(예; TAI, UTC)를 만들기 위해서는 서로 다른 곳에 위치한 일차 시계들(primary clocks)의 데이터를 모아야 하는데, 이때 상대론적 세슘 주파수 이동을 보정한다. 다시 말하면, 각 시계들의 위치에 따라 중력이

---

15 Draft of 9th SI Brochure, BIPM, 16 December 2013.
16 Draft of 9th SI Brochure, BIPM, 11 December 2015.

다름으로 인한 주파수 변동을 보정해야 한다.

CIPM은 세슘이 아닌 다른 원자나 이온, 분자들의 특정 분광선(예: ^{171}Yb 팔중극, ^{171}Yb 사중극, ^{88}Sr$^+$, ^{40}Ca$^+$, ^{87}Sr, ^{171}Yb, ^{199}Hg, ^{1}H, ^{87}Rb 마이크로파) 에 기반을 둔 초의 2차적인 표현(secondary representation)을 채택한 바 있다. 이 분광선들의 주파수는 그 상대불확도가 세슘-133 원자의 초미세 분리 주파 수에 기반을 둔 초의 정의보다 더 작을 수는 없다. 그러나 더 우수한 안정도 를 나타내는 것은 여러 개 있는데, 대부분 광주파수 영역에 해당하는 것이다. 그래서 앞으로 언젠가 초의 정의는 광주파수와 관련된 기본상수(예: 뤼드베 리 상수)로 재정의될 것으로 예측된다.

5.2 길이의 SI 단위, 미터

> "미터(기호: m)는 길이의 SI 단위이다. 미터는 진공에서의 빛의 속력 c의 수치를 m s^{-1} 단위로 나타날 때 299 792 458로 고정함으로써 정의 된다. 여기서 초는 세슘 주파수 $\Delta\nu_{Cs}$로 정의된다."

이 정의는 $c = 299\,792\,458$ m/s의 정확한 관계를 의미한다. 이것을 정의하 는 상수 c와 $\Delta\nu_{Cs}$에 관해서 미터에 대한 표현으로 정리하면 다음과 같다.

$$m = \frac{c}{299\,792\,458} \times s = \frac{c}{299\,792\,458} \times \frac{9\,192\,631\,770}{\Delta\nu_{Cs}}$$

$$= 30.663\,318... \frac{c}{\Delta\nu_{Cs}}$$

이 정의의 결과는 기존 SI 미터의 정의인 "미터는 빛이 진공에서 1/299 792 458초 동안 진행한 경로의 길이"와 동일하다.

5.3 질량의 SI 단위, 킬로그램

> "킬로그램(기호: kg)은 질량의 SI 단위이다. 킬로그램은 플랑크 상수 h 의 수치를 kg m^2 s^{-1}와 동일한 J s 단위로 나타낼 때, $6.626\ 070\ 040 \times 10^{-34}$ 으로 고정함으로써 정의된다. 여기서 미터와 초는 c와 $\Delta\nu_{Cs}$로 정의된다."

이 정의는 $h = 6.626\ 070\ 040 \times 10^{-34}$ kg m^2 s^{-1}의 정확한 관계를 의미한다. 이것을 세 개의 정의하는 상수 $h, c, \Delta\nu_{Cs}$에 관해서 킬로그램에 대한 표현으로 정리하면 다음과 같다.

$$\text{kg} = \frac{h}{6.626\ 070\ 040 \times 10^{-34}} \times \text{m}^{-2}\,\text{s} = 1.475\ 521... \times 10^{40} \frac{h\Delta\nu_{Cs}}{c^2}$$

이 정의의 결과로 질량의 단위 킬로그램은 초와 미터의 정의 및 플랑크 상수에 관하여 정의할 수 있게 되었다.

새 정의가 채택되면 국제 킬로그램원기(IPK)는 상대불확도를 가지게 된다. 그 상대불확도는 새 정의가 채택되기 직전의 플랑크 상수값의 상대불확도인 2×10^{-8}이 된다. 새로 바뀐 킬로그램 정의는 원리적으로는 1 킬로그램뿐 아니라 어떤 질량 눈금에서도 질량 단위의 일차적(primary) 구현을 가능하게 한다.

5.4 전류의 SI 단위, 암페어

> "암페어(기호: A)는 전류의 SI 단위이다. 암페어는 기본 전하 e의 값을 A·s와 동일한 C 단위로 나타낼 때, $1.602\ 176\ 620\ 8 \times 10^{-19}$으로 고정함으로써 정의된다. 여기서 초는 $\Delta\nu_{Cs}$로 정의된다."

이 정의는 $e = 1.602\ 176\ 620\ 8 \times 10^{-19}$ A·s의 정확한 관계를 의미한다. 이것을 두 개의 정의하는 상수 e와 $\Delta\nu_{Cs}$에 관해서 암페어에 대한 표현으로 정리하면 다음과 같다.

$$\text{A} = \frac{e}{1.602\ 176\ 620\ 8 \times 10^{-19}} \times \text{s}^{-1} = 6.789\ 687... \times 10^8\ \Delta\nu_{\text{Cs}}\ e$$

이 정의에 의하면 암페어는 매 초당 $1/(1.602\ 176\ 6208 \times 10^{-19})$의 기본전하의 흐름에 해당하는 전류이다.

암페어에 대한 이전의 정의는 두 개의 도선 사이에 작용하는 힘을 기반으로 하는데, 이것은 자기상수 μ_0의 값을 정확히 $4\pi \times 10^{-7}\ \text{H m}^{-1} = 4\pi \times 10^{-7}\ \text{N A}^{-2}$으로 고정시킨 결과이다. 여기서 H는 인덕턴스의 단위 헨리이고, N은 힘의 단위 뉴턴이다. 그런데 암페어에 대한 새 정의는 μ_0 대신에 e값을 고정시킨다. 그 때문에 암페어의 새 정의가 채택되면 μ_0는 실험적으로 결정되어야 한다.

새 SI에서 전기상수 $\epsilon_0 = 1/(\mu_0 c^2)$, 진공의 특성 임피던스 $Z_0 = \mu_0 c$, 진공의 어드미턴스 $Y_0 = 1/(\mu_0 c)$는 모두 μ_0와 c의 조합으로 이루어져 있으므로 실험적으로 결정되어야 한다. 이 값들을 새로 측정했을 때 상대불확도는 μ_0의 상대불확도와 같다. 왜냐하면 c의 상대불확도는 0이기 때문이다. 또한 $\epsilon_0 \mu_0 = 1/c^2$ 와 $Z_0/\mu_0 = c$ 의 관계식은 여전히 유지된다. 암페어의 새 정의가 채택되는 시점에서 μ_0의 값은 현재와 같은 $4\pi \times 10^{-7}\ \text{H m}^{-1}$이지만, 상대불확도는 0이 아니라 1×10^{-9}보다 작은 값을 가질 것이다.

5.5 열역학적 온도의 SI 단위, 켈빈

> "켈빈(기호: K)은 열역학적 온도의 SI 단위이다. 켈빈은 볼츠만 상수 k의 수치를 $\text{kg m}^2\ \text{s}^{-2}\ \text{K}^{-1}$과 동일한 J K^{-1} 단위로 나타낼 때, $1.380\ 648\ 52 \times 10^{-23}$으로 고정함으로써 정의된다. 여기서 킬로그램, 미터, 초는 각각 h, c, $\Delta\nu_{\text{Cs}}$로 정의된다."

이 정의는 $k = 1.380\ 648\ 52 \times 10^{-23}\ \text{kg m}^2\ \text{s}^{-2}\ \text{K}^{-1}$의 정확한 관계를 의미한

다. 이것을 세 개의 정의하는 상수 k, h, $\Delta\nu_{\mathrm{Cs}}$에 관해서 켈빈에 대한 표현으로 정리하면 다음과 같다.

$$\mathrm{K} = \left(\frac{1.380\,648\,52 \times 10^{-23}}{k} \right) \mathrm{kg\ m^2\ s^{-2}} = 2.266\ 665... \times \frac{h\Delta\nu_{\mathrm{Cs}}}{k}$$

이 정의에 의하면 1 켈빈은 열 에너지 kT를 $1.380\ 648\ 52 \times 10^{-23}$ J만큼 변화시키는 열역학적 온도의 변화이다.

그림 4.2에서 열역학적 온도와 열 에너지를 나타내는 좌표계에서 볼츠만 상수는 일정한 기울기를 가지는 직선으로 나타난다. 이 좌표계에서 0점은 열역학적 온도가 0 K일 때 열 에너지가 0임을 나타낸다. 켈빈에 대한 이전의 정의는 물의 삼중점 T_{TPW}을 정확히 273.16 K로 정함으로써 내려졌다. 그러므로 이때 볼츠만 상수 k는 0점과 T_{TPW}를 연결하는 직선의 기울기로부터 그 값을 구해야 한다. 그런데 새 정의에서는 볼츠만 상수 k의 값이 정해진다. 다시 말하면 그림에서 직선의 기울기가 정해진다. 따라서 물의 삼중점 T_{TPW}는 이제 측정해야 할 대상 온도가 된다. 새 정의가 채택되는 시점에서 T_{TPW}는 273.16 K로 이전과 동일하지만 상대불확도는 재정의 전에 측정된 k의 상대불확도를 기반으로 1×10^{-6}보다 작은 값을 가질 것이다.

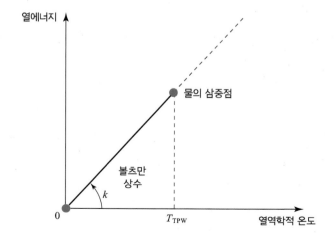

그림 4.2 물의 삼중점과 볼츠만 상수의 관계

이전 켈빈의 정의는 열역학적 온도의 한 점으로 정해졌기 때문에 그 온도에서만 정확한 온도를 구현할 수 있고, 그 온도에서 멀어지면 불확도가 커진다. 그러나 새 정의에서는 직선의 기울기가 정해졌기 때문에 어떤 온도도 원리적으로는 같은 수준의 불확도로 구현(또는 측정)하는 것이 가능하다.

온도 눈금에서 열역학적 온도(기호: T)를 나타내는 방법으로 물이 어는점 $T_0 = 273.15\,\text{K}$를 기준으로 그 차이를 나타내곤 한다. 이 차이를 섭씨온도(기호: t)라고 하는데, $t = T - T_0$로 정의된다. 섭씨온도의 단위는 섭씨도(기호: ℃)이고, 그 눈금의 크기는 정의에 의해 켈빈과 같다. 그러므로 온도는 켈빈이나 섭씨도 어느 것으로 표현해도 된다. 단, 섭씨온도와 열역학적 온도는 $t/℃ = T/\text{K} - 273.15$의 관계를 가지고 있다. 섭씨도와 켈빈은 모두 1989년에 CIPM에서 채택한 국제온도눈금(ITS-90)의 단위들이다.

5.6 물질량의 SI 단위, 몰

> "특정 구성요소들의 물질량을 나타내는 SI 단위는 몰(기호:mol)이다. 특정 구성요소들이란 원자, 분자, 이온, 전자, 그 외의 입자들 또는 그런 입자들의 특정 집합체가 될 수 있다. 몰은 아보가드로 상수 N_A의 수치를 mol^{-1} 단위로 나타낼 때 $6.022\ 140\ 857 \times 10^{23}$으로 고정함으로써 정의된다."

이 정의는 $N_A = 6.022\ 140\ 857 \times 10^{23}\,\text{mol}^{-1}$의 정확한 관계를 의미한다. 이것을 정의하는 상수 N_A에 관해서 mol에 대한 표현으로 정리하면 다음과 같다.

$$\text{mol} = \frac{6.022\ 140\ 857 \times 10^{23}}{N_A}$$

이 정의에 의하면 몰은 $6.022\ 140\ 857 \times 10^{23}$개의 특정 구성요소를 갖는 어떤 계의 물질량이다.

몰에 대한 이전의 정의는 탄소-12의 몰질량 $M(^{12}C)$의 값을 정확히 0.012 kg/mol로 고정함으로써 내려졌다. 그렇지만 새 정의에서 $M(^{12}C)$의 값은 이젠 정확한 값이 아니고 실험적으로 결정되어야 한다. 그러나 몰의 새 정의가 채택되는 시점에서 $M(^{12}C)$는 0.012 kg/mol이고, 상대불확도는 1×10^{-9}보다 작은 값을 가질 것이다.

어떤 원자나 분자 X의 몰질량은 여전히 $M(^{12}C)$를 기준으로 다음 식으로 구해진다. 여기서 $A_r(X)$는 X의 상대원자질량이다.

$$M(X) = A_r(X)\left[M(^{12}C)/12\right] = A_r(X)M_u$$

그리고 어떤 원자나 분자 X의 몰질량은 구성요소의 질량 $m(X)$와 다음의 관계식이 성립한다.

$$M(X) = N_A m(X) = N_A A_r(X)m_u$$

위 식에서 M_u는 몰질량 상수로서 $M(^{12}C)/12$와 같고, m_u는 원자질량 상수로서 $m(^{12}C)/12$와 같다. 이것들은 아보가드로 상수와 다음 관계가 성립한다.

$$M_u = N_A m_u$$

몰의 정의에 나타난 특정 구성요소가 무엇인지 구체적으로 밝히는 것이 중요하다. 물질에 포함된 구성요소의 분자화학식을 주는 것이 더 바람직하다. 예를 들면, "염화수소, HCl의 양"이나 "벤젠, C_6H_6의 양"처럼 쓴다. 물질의 양이 정식 명칭이지만 이를 줄여서 물질량 또는 양이라고 쓸 수 있다.

5.7 광도의 SI 단위, 칸델라

"칸델라(기호: cd)는 어떤 주어진 방향에서 광도의 SI 단위이다. 광도는 주파수 540×10^{12} Hz 단색광의 시감효능 K_{cd}의 수치를 $cd\,sr\,W^{-1}$이나 $kg^{-1}\,m^{-2}\,s^3\,cd\,sr$과 동일한 $lm\,W^{-1}$ 단위로 나타낼 때, 683으로 고정함으로써 정의된다. 여기서 킬로그램, 미터, 초는 h, c, $\Delta\nu_{Cs}$로 정의된다."

이 정의는 주파수 $\nu = 540 \times 10^{12}$ Hz의 단색광에 대해 $K_{cd} = 683\ \text{kg}^{-1}\ \text{m}^{-2}\ \text{s}^3$ cd sr의 정확한 관계를 의미한다. 이것을 세 개의 정의하는 상수 K_{cd}, h, $\Delta \nu_{Cs}$ 에 관해서 칸델라에 대한 표현으로 정리하면 다음과 같다.

$$\text{cd} = \left(\frac{K_{cd}}{683} \right) \text{kg m}^2\ \text{s}^{-3}\ \text{sr}^{-1} = 2.614\,830... \times 10^{10}\ \Delta \nu_{Cs}\ h\ K_{cd}$$

이 정의에 의하면, 칸델라는 어떤 주어진 방향으로 주파수 540×10^{12} Hz의 단색광을 방출하는 광원이, 그 방향으로 (1/683) W/sr의 복사도를 가질 때의 광도이다.

여기서 광도(luminous intensity)와 복사도(radiant intensity)란 양이 나오는 데 이것에 대해서 간략히 알아보자. 광도란 기본적으로 사람의 눈이 느끼는 (視感) 광량(光量)을 기준으로 한다. 이것은 조명(照明)과 밀접한 관련이 있다. 그래서 가시광선 영역(380 nm에서 780 nm)의 빛에 대해서만 적용된다. 눈이 가장 민감하게 반응하는 파장이 녹색에 해당하는 555 nm이다. 이 파장에 해당하는 주파수가 칸델라의 정의에 나오는 540×10^{12} Hz이다. 이 주파수에서 눈의 시감효율(luminous efficiency)은 최대값인 1이다.

한편, 복사도란 가시광선뿐 아니라 적외선과 자외선을 포함한 빛의 모든 파장과 관련된다. 광원에서 나오는 복사량을 나타내는 복사선속(radiant flux)의 단위는 전력의 단위인 와트(기호: W)이다. 광원에서 나온 빛은 공간에서 전파하면서 퍼진다. 같은 복사선속을 가지더라도 퍼지는 정도가 작으면 빛의 세기는 더 크다. 이것을 나타내는 양이 입체각(단위: sr)당 복사선속인 복사도(단위: W/sr)이다.

광원의 복사도를 광도(단위: cd=lm/sr)로 환산하는 방법은 다음과 같다. 우선 이 광원의 파장별 복사도, 즉 분광복사도(단위: W/(sr·nm))를 알아야 한다. 그리고 눈이 느끼는 파장별 시감효율, 즉 눈의 분광시감효율(spectral luminous efficiency) 함수를 알아야 한다. 그런데 이 함수는 1931년에 국제조명위원회(CIE)에서 이미 표준으로 정해졌다. 이 함수의 대표적인 값이 555 nm에서 1이다. 가시광선을 제외한 영역에서 이 함수값은 모두 0이다. 그러므로 가시광선 영역에서 분광복사도에 분광시감효율을 곱하여 파장에

표 4.10 광측정량과 복사측정량의 용어와 단위

광측정량 (photometric quantity)	단위	복사측정량 (radiometric quantity)	단위
광선속(luminous flux)	lm	복사선속(radiant flux)	W
조명도(illuminance)	$lm/m^2 = lx$	복사조도(irradiance)	W/m^2
광휘도(luminance)	$lm/(m^2\ sr)$ $= cd/m^2 = nit$	복사휘도(radiance)	$W/(m^2\ sr)$
광도(luminous intensity)	$lm/sr = cd$	복사도(radiant intensity)	W/sr

대하여 적분한 값에 540 THz에서의 시감효능(luminous efficacy)인 $K_{cd} =$ 683 lm/W를 곱하면 해당 광원의 광도가 된다. 그러므로 시감효능이란 복사도를 광도로 바꾸는 환산인자이다.

광측정(photometry)과 복사측정(radiometry)에서 나오는 양과 단위를 정리한 것이 표 4.10에 나와 있다. 여기서 광선속의 단위는 '루멘'이고 기호로는 lm을 쓴다. 표에는 나와 있지 않으나, 전광선속(total luminous flux)은 모든 방향의 광선속을 합친 양이다. 조명도는 광조도라고도 하는데 단위 면적당 광선속을 의미하고 특별히 '럭스'라는 단위(기호: lx)를 사용한다. 광휘도는 단위 면적당 단위 입체각당 광선속 또는 단위 면적당 광도를 의미하는데, 우리 눈이 느끼는 어떤 물체의 밝기는 광휘도로 나타낸다. 광휘도의 단위 (cd/m^2)를 특별히 nit라는 기호로 표기한다.

새 SI에서 단위 사이의 관계를 그림으로 나타낸 것이 그림 4.3이다. 그림에서 화살표는 각 단위들이 해당 기본상수들에 의해 정의되고, 각 단위가 다른 단위의 정의에 미치는 영향을 나타낸다. 초(s)에서 나가는 화살표가 5개로 그림 4.1의 기존 SI 단위계에서 보다 2개가 늘어났다. 이것은 초가 새 SI에서 더욱 중요해졌다는 것을 의미한다.

그 다음은 미터(m)에서 3개의 화살표가 나가고, 킬로그램(kg)은 2개가 나간다. 이에 비해 켈빈(K)과 칸델라(cd)는 화살표가 모두 들어오는 것만 3개씩 있다. 다시 말하면, 켈빈과 칸델라가 다른 SI 단위의 영향을 가장 많이 받는다. 켈빈은 기존 SI에서는 다른 단위와 연결선이 없었던 것으로 가장 큰 변화

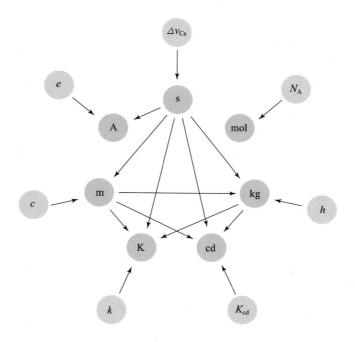

그림 4.3 새 SI 단위계에서 기본상수와 단위 사이의 관계도

가 일어난 것이다. 한편 몰(mol)은 기존 SI에서는 킬로그램과 연결되어 있었으나 새 SI에서는 다른 단위들과 연결되지 않고 단독으로 존재하게 된다.

6 새 SI 기본단위의 구현

"단위를 구현한다"는 것은 단위의 정의에 부합하는 양(quantity)의 값 및 불확도를 확정하는 일련의 작업을 말하거나 이것에 관한 상세한 가이드라인을 의미한다. 이것을 프랑스 말로 "*mise-en-pratique*"이라고 하는데, 영어로는 "practical realization"으로 번역된다. 그런데 이 단위의 구현은 가장 높은 단계, 즉 최고 수준의 구현 방법에 국한하며, 이것을 일차방법(primary method)이라고 한다. 새 SI에서는 물리학 법칙과 SI 기본단위의 정의에 부합하는 것이면 어떤 방법도 단위 구현에 사용될 수 있다.

기존 SI 단위의 정의에는 특별한 조건이나 물리적 상태가 명시되어 있는데, 이것이 단위 구현의 정확도에 근본적인 한계로 작용했다. 그러나 새 SI에서는 정의하는 상수와 측정하려는 양을 연결시키는 물리방정식을 임의로 선택하는 것이 가능하다. 이것은 기본단위를 정의하는데 있어서 훨씬 더 일반적인 방법이다. 그래서 현재는 없지만 미래에 새 기술이 등장하면 그 기술로 단위를 새롭게 구현하는 것이 가능하다. 따라서 새 SI 체계에서는 단위 구현의 정확도에 원리적인 한계는 없다. 한 가지 예외는 초의 정의에 있다. 즉, 세슘원자의 마이크로파 전이에 바탕을 둔 초의 정의는 당분간 유지되어야 한다. 그렇지만 초의 정의도 언젠가는 더 보편적인 기본상수로 바뀔 것이다.

6.1 암페어 단위의 구현

암페어 단위를 구현하는 일차방법은 현재 다음과 같이 크게 세 가지가 있다.[17]

- 조셉슨 효과와 양자 홀 효과를 기반으로 하여 SI 유도단위인 전위차 V와 전기 저항 Ω을 구현하고, 단위 사이의 관계식인 옴의 법칙 $A=V/\Omega$으로부터 암페어를 구현한다.

- 단일 전자 전송(SET: single electron tunneling 또는 transport) 소자 등을 이용하여 단위 시간당 일정 개수의 전자를 이동시키고, $A=C/s$ 관계와 기본전하 e의 값을 이용하여 암페어를 구현한다. 이때 기본단위 s도 같이 구현해야 한다.

- 전기용량이 C인 축전기에 경사 전압(ramp voltage)을 가하고, 관계식 $I = C \cdot dU/dt$와 단위 사이의 관계식 $A=F \cdot V/s$를 이용하여 암페어를 구현한다. 이때 SI 유도단위 V와 F, 기본단위 s도 같이 구현해야 한다.

기본단위 구현에 필요한 유도단위의 구현 방법은 다음과 같다.

전위차의 SI 유도단위인 볼트(기호: V)의 구현은 조셉슨 효과와 조셉슨 상

---

17 Draft *mise en pratique* for the ampere and other electric units, CCEM/09-05(from BIPM website).

수값($K_J = 483\ 597.8525\ \text{GHz V}^{-1}$)을 이용한다(단, 이 상수값은 CODATA-2014의 값으로, 최종값은 2018년 CGPM에서 확정될 것이다). 이 상수는 $K_J = 2e/h$의 관계식에서 왔으며, 이 관계식은 이론 및 실험으로 이미 검증되었다. 그런데 CIPM이 채택하여 1990년 1월 1일부터 사용하기 시작한 조셉슨 상수의 협정값인 $K_{J-90} = 483\ 597.9\ \text{GHz V}^{-1}$은 앞의 K_J값보다 크다. 이것은 똑같은 전위차를 새 SI의 볼트에 대해 측정하면 그 수치가 K_{J-90}에 대해 측정한 수치보다 크게 나온다는 것을 뜻한다.

전기 저항의 SI 유도단위 옴(기호: Ω)의 구현은 양자홀 효과와 폰클리칭 상수 값($R_K = 25\ 812.807\ 455\ 5\ \Omega$)을 이용한다. 이 상수는 $R_K = h/e^2$의 관계식에서 왔으며, 이 관계식은 이론 및 실험으로 이미 검증되었다. 그런데 CIPM이 채택하여 1990년 1월1일부터 사용하기 시작한 폰클리칭 상수의 협정값인 $R_{K-90} = 25\ 812.807\ \Omega$은 앞의 R_K 값 보다 작다. 이것은 똑같은 전기 저항을 새 SI의 옴에 대해 측정하면 그 수치가 R_{K-90}에 대해 측정한 수치 보다 크게 나온다는 것을 의미한다.

전하량의 SI 유도단위 쿨롬(기호: C)을 구현하는 방법으로 다음과 같은 것이 있다.

- 전기용량의 SI 유도단위인 패럿(기호: F)과 전위차 볼트와의 관계식 C= F · V로부터 구현한다. 단, 볼트는 앞에서 설명한대로 조셉슨 효과로써 측정한다.
- 기본전하 e를 기반으로 전하의 이동량을 알 수 있는 단일 전자 전송 (SET) 소자 등을 이용한다.

패럿(기호: F)을 구현하는 방법으로 다음과 같은 것이 있다.

- 양자 홀 효과와 폰클리칭 상수값을 이용한 측정으로 이미 알고 있는 저항의 임피던스를 quadrature bridge 등을 이용하여 모르는 전기용량의 임피던스와 비교한다.
- 계산가능한 축전기(calculable capacitor)와 전기상수 ϵ_0값을 이용한다.
- 단일 전자 전송(SET) 소자 등을 이용하여 축전기에 저장된 전하량을 구

하고, F=C/V 관계식에서 축전기 양단에 걸린 전위차 V를 측정하여 F를 구현한다.

6.2 킬로그램 단위의 구현

킬로그램 단위를 구현하는 방법 중 하나는 전기적 일률과 역학적 일률을 서로 비교하는 일명, 와트 저울(watt balance)을 이용하는 것이다. 다시 말하면 질량 m, 중력가속도 g, 속도 v로 측정된 역학적 일률과 저항 및 전압으로 측정된 전기적 일률을 비교하는 것이다. 여기서 저항과 전압은 각각 양자 홀 효과와 조셉슨 효과로 측정한다. 이것을 방정식으로 표현하면 $mgv = Ch$인

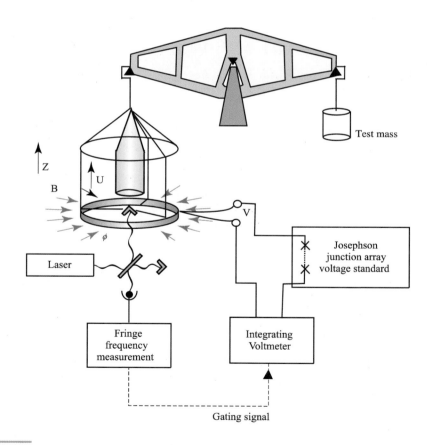

그림 4.4 영국 NPL의 와트 저울 개략도

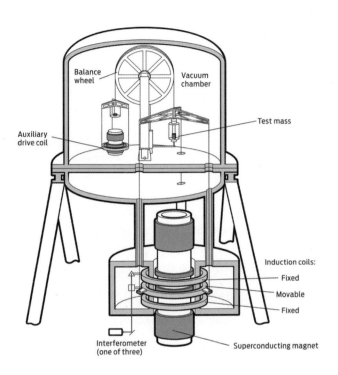

그림 4.5 미국 NIST의 와트 저울 개략도

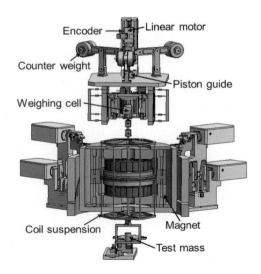

그림 4.6 한국 KRISS의 와트 저울 개략도

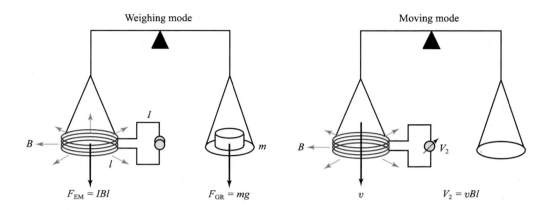

그림 4.7 와트 저울의 동작 원리(무게 재기 모드와 움직임 모드)

데, 여기서 C는 조셉슨 접합에 가해진 주파수를 포함하는 교정 상수이다. 따라서 이 방정식은 역학적 일률(mgv)이 플랑크 상수(h)에 비례한다는 것을 보여 준다. 이렇듯 와트 저울의 개념과 방정식은 간단하지만 그것을 높은 정확도로 동작시키기 위해서는 많은 노력과 수고가 필요하다.

와트 저울은 영국 국립물리연구소(NPL)의 키블(B.P. Kibble)이 지금부터 약 40년 전인 1976년에 처음 제안했다. 그 이후 영국과 미국이 주축이 되어 와트 저울을 개발하는 연구를 지속해왔다. 현재는 미국의 NIST, 캐나다의 NRC, 프랑스의 LNE, 스위스의 METAS, 중국의 NIM, 국제도량형국 BIPM, 그리고 한국의 KRISS 등이 와트 저울 개발 연구를 진행하고 있다. 각 나라마다 구조는 조금씩 다르지만 기본적인 원리는 동일하다. 예를 들면, NPL은 좌우 힘 평형을 위해 1.2 m 길이의 빔을 사용하고, NIST는 직경 60 cm의 휠을 이용하고 있다. 그런데 LNE, METAS, KRISS 등은 앞의 두 가지 방법에서의 문제점을 보완한 새로운 방식인, 저울부와 구동부를 분리하여 동작시키는 방식을 채택하고 있다.

와트 저울은 기본적으로 두 가지 모드로 동작한다. 첫 번째 무게 재기 모드(weighing mode)에서는 테스트 질량 m에 미치는 중력과 이것을 상쇄하려는 전자기력이 평형을 이룰 때 전압을 찾는 것이 목적이다.

그림 4.7처럼 전류 I가 흐르는 원형 코일(둘레 길이 ℓ)이 수평면 상에서

지름방향으로 퍼져나가는 자장 B 속에 놓여 있다. 이때 코일은 로렌츠 힘에 의해 전자기력을 받는데, 그 힘의 세기는 $F_{EM} = IB\ell$이다. 코일에 흐르는 전류 I는 표준저항 R의 양단에 걸리는 전압 V_1을 측정하여 $I = V_1/R$ 관계식에 의해 구해진다. 이 표준저항은 양자홀 저항표준기로 교정 받은 것이고, 전압은 조셉슨 전압표준기로 측정한다.

전자기력 F_{EM}이 질량 m에 걸리는 중력 F_{GR}와 평형을 이룬다면 $IB\ell = mg$의 관계식이 성립한다. 여기서 m은 와트 저울의 테스트 질량이고, g는 m이 있는 위치에서의 중력가속도이다. 이것을 질량에 대해 정리하면 다음과 같이 된다.

$$m = \frac{IB\ell}{g} = \frac{V_1 B\ell}{Rg}$$

여기서 g값은 절대중력가속도계와 상대중력가속도계 및 중력구배기를 이용하여 잰다. 위 식에서 모르는 것은 $B\ell$의 값인데, 이것을 구하기 위해 와트 저울을 두 번째의 움직임 모드(moving mode)로 동작시킨다.

움직임 모드에서는 테스트 질량 m이 없는 상황에서 코일을 자장 B 속에서 수직 방향으로 v의 속도로 움직인다. 코일의 움직임은 패러데이 법칙에 의해 코일 양단에 전압 V_2를 생성시키는데, 그 크기는 $V_2 = vB\ell$이다. 여기서 코일의 속도 v는 와트 저울에 설치된 3차원 레이저 간섭계로써 측정하고 또 조절할 수 있다. V_2는 V_1과 마찬가지로 조셉슨 전압표준기로 측정한다. 우리가 모르는 값 $B\ell$ 대신에 V_2/v를 위 식에 대입하면 $m = V_1 V_2/(Rgv)$가 된다.

한편 조셉슨 전압표준기의 조셉슨 접합에 마이크로파 주파수 f가 가해질 때 접합의 양단에 양자화된 DC 전압이 $V_J = f/K_J$ 스텝으로 생성된다. 여기서 K_J는 조셉슨 상수로서 $K_J = 2e/h$이다. 앞의 실험에서 조셉슨 전압표준기로 전압 V_1, V_2를 측정할 때 동작한 조셉슨 접합수를 각각 n_1, n_2라 하고, 마이크로파 주파수를 각각 f_1, f_2라 하면 $V_1 = n_1 f_1/K_J$, $V_2 = n_2 f_2/K_J$로 표현된다. 다시 말하면 전압을 마이크로파 주파수와 조셉슨 접합수로부터 구할 수 있다.

그리고 양자 홀 저항표준기의 도선에 전류 I 가 흐르고, 도선의 방향에 수직으로 자장이 가해지고 있으면 도선의 횡 방향으로 홀전압 V_H 가 생성된다. 이때 홀전압은 양자화되는데 양자 홀 저항(R_H)과는 $R_H = V_H / I = R_K / i$ 관계를 가진다. 여기서 i는 양자화수($i = 1, 2, 3 \dots$)이고, R_K는 폰클리칭 상수로서 $R_K = h/e^2$이다.

이것들을 질량 m을 표현하는 식에 대입하면 다음과 같이 된다.

$$m = \frac{V_1 V_2}{Rgv} = \frac{n_1 n_2 f_1 f_2}{K_J^2} \frac{i}{R_K gv} = h\left(\frac{i n_1 n_2}{4}\right)\frac{f_1 f_2}{gv} = \frac{h}{g}\frac{C}{v}$$

단 $K_J^2 R_K = (2e/h)^2 (h/e^2) = 4/h$를 대입했고, 마지막 항에서 $\left(\dfrac{i n_1 n_2}{4}\right)f_1 f_2 \equiv C$로 두었다.

결론적으로, 와트 저울에서 질량이 있는 지점의 중력가속도(g)와 코일의 이동 속도(v)를 측정하면, 질량은 플랑크 상수 h에 비례하는 양이 된다. 단 교정 상수 C는 조셉슨 전압표준기의 마이크로파 주파수(f_1, f_2)와 조셉슨 접합수 (n_1, n_2) 및 양자 홀 저항의 양자화수(i)로부터 구한다.

킬로그램을 구현하는 또 다른 일차방법은 1 몰의 탄소-12 원자에 포함된 원자개수를 세는 것이다. 이전 SI 정의에 의하면 1 몰은 탄소-12 원자 12 그램에 포함된 원자의 개수이다. 다른 말로 하면 탄소-12 원자 12 그램을 정확히 재고 그 속에 있는 원자수를 세면 그것이 아보가드로 상수이다. 따라서 탄소-12 원자를 1000 g/12 g(≈ 83.333) 몰만큼 준비하면 이것이 1 킬로그램이 된다. 그러나 현실적으로 탄소만으로 구성된 결정을 만드는 것은 불가능하다. 그래서 실리콘을 이용한다.

실리콘은 반도체 산업의 발달로 불순물 없이 고순도로 크게 키우는 것이 가능하다. 자연 실리콘은 약 92.2 %가 ^{28}Si이고, 약 7.78 %가 ^{29}Si 및 ^{30}Si으로 구성되어 있는데, 질량분석기로써 이 동위원소들의 질량을 1×10^{-9} 수준에서 알 수 있다. 이런 이유로 실리콘이 선택되었다. 처음에는 원통형으로 키운 실리콘을 자르고, 깎고, 연마하여 직경이 약 93.6 mm의 구로 만든다. 구의 직경은 광학간섭계로 측정하는데 측정불확도는 단일 원자층의 두께에 해당하는 0.3 nm까지 가능하다. 원자 간의 격자간격은 엑스선 간섭계(XRCD)로 측정하는데 대략 192 pm이다. 다음 관계식은 실리콘 구의 질량을 나타낸다.

$$m_{\text{sphere}} = \frac{8 V_{\text{sphere}}}{a^3} \frac{2R_\infty h}{c\alpha^2} \frac{m_{\text{Si}}}{m_{\text{e}}}$$

여기서 m_{sphere}와 V_{sphere}는 구의 질량과 부피이고, a는 실리콘 셀의 한 변의 길이인데, 실리콘의 격자간격 $d_{220}(\text{Si})$와는 $a = \sqrt{8}\, d_{220}(\text{Si})$의 관계가 있다(참조: 제2장 4.1의 아보가드로 상수). 실리콘 원자의 질량 m_{Si}는 실리콘 구에 포함된 세 가지 동위원소의 비율을 고려하여 평균해서 구한다. 우변의 첫 번째 항은 구에 포함된 원자의 개수에 해당하고, 두 번째 항은 $2R_\infty h/(c\alpha^2) = m_e$로서 전자의 질량에 해당한다(참조: 제2장 3절의 뤼드베리 상수). 따라서 위 식은 기본적으로 실리콘 원자 하나의 질량(m_{Si})에 실리콘 구에 포함된 원자의 개수를 곱하여 실리콘 구의 질량을 구하는 공식이다. 간섭계로써 구의 부피와 격자간격을 10^{-9} 수준에서 측정할 수 있으므로 원자 개수도 그 정도 수준에서 알 수 있다. 만약 구가 실리콘-28 원자만으로 만들어졌다면, 구에 포함된 실리콘 원자 개수가(1000 g/28 g×아보가드로 상수) 되도록 구의 부피를 조절하면 1 킬로그램이 된다. 그런데 문제는 다른 동위원소나 불순물의 비율 그리고 구의 표면에 산화막이 형성되는 것 등이다. 이런 것이 단위 구현의 불확도에 영향을 미치고, 정확도의 한계로 작용한다.

7 새 SI의 영향 및 전망

SI 단위계가 바뀌면 국가측정표준대표기관(NMI)에서는 새 단위의 일차적 구현을 위한 노력이 필요하다. 예를 들면, 국제 킬로그램원기가 더 이상 질량의 표준이 아니기 때문에 새 질량 측정표준기로 사용할 와트 저울 등을 개발해야 할 것이다.

전기 단위와 관련된 양자홀 효과 및 조셉슨 효과를 구현하는 연구와 SET

소자와 같은 단일 전자 펌프 연구도 수행해야 할 것이다. 이를 통해 양자 측정 삼각체계(quantum metrology triangle)[18]를 구성하고 정확도를 높이려는 연구가 활발해질 것이다.

온도 측정분야에서 지금까지는 하나의 온도점이 기준점으로 정의되었고 그 때문에 그 값을 벗어난 측정영역에서는 불확도가 훨씬 컸다. 그렇지만 앞으로는 저온에서 고온까지 눈금 전체를 같은 불확도로 측정하는 것이 원리적으로 가능하게 되었다. 이에 따라 켈빈 단위 구현을 위해 음향기체온도계 등의 연구가 활발해질 것이다.

측정의 여러 분야에서 정확도가 높아지면 새로운 물리 현상을 발견하는 것도 가능해질 것이다. 정밀 측정과학을 전문으로 하는 대학이나 연구기관에서는 이와 관련된 새로운 연구주제를 발굴하고 수행하게 될 것이다.

이에 비해 일상적인 측정 산업현장에서는 새 SI 체계에서도 큰 변화는 없을 것이다. 산업체에서 요구하는 측정불확도가 현재의 SI에서도 충분하기 때문에 기존의 방법대로 사용해도 문제되지 않는다.

이런 내용들을 일반국민들에게 널리 알리는 것이 필요하다. 단위를 정의하는 방법이 바뀌는 것에 대해 초중등학교와 대학에서 새로 가르쳐야 할 것이다. 이를 위해 관련 교과서 등을 수정하는 작업도 필요하고, 과학 담당 교사들을 대상으로 새 SI에 대해 지도하는 것도 필요하다.

NOTE 4-1　양자 측정 삼각체계(QMT: Quantum Metrology Triangle)

SI 단위의 재정의로 인해 전기 단위들은 전기 양자표준에 의해 구현될 수 있다. 이미 두 개의 양자표준, 즉 조셉슨 효과에 기반을 둔 볼트와 양자홀 효과에 기반을 둔 옴은 확보되어 있다. 여기에 단일 전자 전송(SET) 효과를 추가하면

(계속)

■ ■

18　NOTE 4-1과 H. Scherer and B. Camarota, "Quantum metrology triangle experiments: a status review", Meas. Sci. Technol. **23** (2012), 124010.

아래 그림과 같은 양자 측정 삼각체계(QMT)가 형성된다. 이 세 가지의 조합은 양자 단위에서 옴의 법칙(전압＝전류×저항)을 검증하거나 구현하는데 사용될 수 있다.

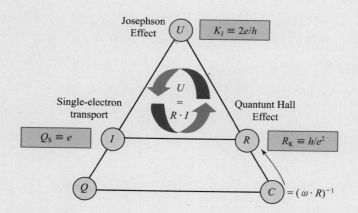

그런데 QMT는 두 가지 방법으로 구현할 수 있다. 첫 번째는 앞에서 설명한 것처럼, 그림의 작은 삼각형에 해당하는 것으로, 전압 U, 전류 I, 저항 R 사이에서 옴의 법칙을 이용하는 '전류 버전'이다. 두 번째는 큰 삼각형에 해당하는 것으로, 전압 U와 전하 Q, 전기용량 C 사이의 관계를 이용하는 '전하 버전'이다. 이것은 단일 전자(SET) 펌프로써 일정 개수의 전자를 세어 저장한 축전기, 즉 저장된 전자수를 아는 고정밀 축전기 표준을 사용한다.[19] 여기서 전기용량 C는 ac 양자홀 효과에 의해 저항 단위로 소급된다. 그리고 축전기 양단에 걸린 전압은 조셉슨 효과로 측정한다.

전류 버전에서 단일 전자 펌프에 의해 만들어지는 전류의 양은 대략 100 pA 수준이다. 그런데 이것을 초저잡음 전류증폭기를 이용하여 1000배 증폭시킬 수 있다. 이 전류를 양자홀 저항에 흘려보내고 이것에 의해 발생된 홀 전압을 조셉슨 효과로 측정한다. 전류 버전이 QMT 구현에 좀 더 유망하며 현재 이 방향으로 연구가 진행되고 있다.

이런 실험이 1×10^{-6}의 상대불확도로써 검증된다면 전기 양자효과에 대해 우리는 더욱 잘 이해하게 될 것이고, 전기 분야 정밀측정에서 큰 발전을 이루는 계기가 될 것이다.

19 B. Camarota, *et al.*, Metrologia **49** (2012) p.8.

7.1 단위에 미치는 영향

킬로그램의 단위인 국제 킬로그램원기(IPK)는 1889년에 원기로 승인받았다. 인공물을 이용한 단위였지만 약 120년 동안 원기의 지위를 유지할 수 있었던 것은 그보다 좋은 불확도를 가지면서 단위를 실현할 수 있는 다른 마땅한 방법이 없었기 때문이다. 새 SI에서 채택한 구현 방법의 불확도는 현 시점에서는 IPK보다 나쁘지만 앞으로 얼마든지 개선될 여지가 있다. 그리고 그 무엇보다도 단위가 인공물에서 해방되었다는 점이다. 이제는 언제, 어디서나, 누구든지 의지만 있으면 킬로그램 단위를 구현하는 것이 가능해졌다. 그러나 당분간은 단위 구현을 위한 장치를 갖추는데 필요한 재정 및 인력 등의 자원 문제 때문에 몇몇 나라만이 가능할 것이다. 이런 측면에서 와트 저울은 조셉슨 전압표준처럼 앞으로 선진국에서 상용화하여 판매할 가능성이 높다.

켈빈의 정의가 바뀌면 열역학적 온도의 단위를 구현하는 일차 온도계(primary thermometer)가 달라져야 한다. 즉, 물의 삼중점을 구현하는 장치 대신에 음향기체온도계 등과 같은 온도계가 개발될 것이다. 켈빈을 구현하기 위해서는 일차 온도계가 필요하지만 일반인의 생활이나 산업계에서는 실제 온도측정을 위해 ITS-90(국제온도눈금-1990)에 의한 국제켈빈온도 T_{90}와 국제섭씨온도 t_{90}를 더 많이 사용하고 있다. ITS-90의 온도는 특정 물질과 특정 방법에 의해 정의된 17개의 온도 고정점을 기반으로 한다. 이 온도눈금은 앞으로도 지속적으로 사용될 것이다. 그런데 켈빈을 정의하던 물의 삼중점 T_{TPW}은 대략 0.25 mK의 표준불확도를 가질 것으로 예상된다.

몰의 정의가 바뀌면 몰과 관련된 여러 가지 상수들의 값이 바뀌게 된다. 그 값이 고정되는 아보가드로 상수를 $\widetilde{N_A}$라고 하고, 고정되기 전의(불확도를 가지는) 아보가드로 상수를 N_A라고 임시로 표현하자. 이때 이 두 상수값의 비를 $(1+\kappa)$라고 하면 다음과 같은 관계가 성립한다.[20]

20   I.M. Mills, *et al.*, Metrologia **43** (2006) 227-246.

표 4.11 기존 SI와 새 SI에서 몰질량 계산 관계

양	기존 SI에서 몰질량 $M(X)$의 계산 관계	새 SI에서 $\widetilde{N_A}$에 관한 몰질량 $\widetilde{M}(X)$의 계산 관계
원자질량 단위, 원자질량 상수	$1\ u = m_u = \dfrac{m(^{12}C)}{12} = \dfrac{M_u}{N_A}$	$1\ u = m_u = \dfrac{m(^{12}C)}{12} = \dfrac{(1+\kappa)M_u}{\widetilde{N_A}}$
몰질량 상수	$M_u = 10^{-3}\ kg\ mol^{-1} = N_A m_u$	$M_u = 10^{-3}\ kg\ mol^{-1} = \dfrac{\widetilde{N_A} m_u}{(1+\kappa)}$
구성요소 X의 상대원자질량	$A_r(X) = \dfrac{m(X)}{m_u} = \dfrac{N_A m(X)}{M_u}$	$A_r(X) = \dfrac{m(X)}{m_u} = \dfrac{\widetilde{N_A} m(X)}{(1+\kappa)M_u}$
탄소-12의 상대원자질량	$A_r(^{12}C) = 12$	$A_r(^{12}C) = 12$
구성요소 X의 원자질량	$M(X) = N_A m(X) = A_r(X) M_u$	$\begin{aligned}\widetilde{M}(X) &= \widetilde{N_A} m(X) = (1+\kappa) A_r(X) M_u \\ &= (1+\kappa) M(X)\end{aligned}$
탄소-12의 몰질량	$\begin{aligned}M(^{12}C) &= N_A m(^{12}C) = A_r(^{12}C) M_u \\ &= 12 M_u\end{aligned}$	$\begin{aligned}\widetilde{M}(^{12}C) &= \widetilde{N_A} m(^{12}C) = (1+\kappa) A_r(^{12}C) M_u \\ &= (1+\kappa) 12 M_u\end{aligned}$

$$(1+\kappa) \equiv \frac{\widetilde{N_A}}{N_A} = \frac{2R_\infty \widetilde{N_A} h}{c\alpha^2 A_r(e) M_u}$$

여기서 $A_r(e)$는 전자의 상대원자질량이고, M_u는 몰질량 상수로서 $1 \times 10^{-3}\ kg\ mol^{-1}$이다.

그런데 몰질량이란 어떤 구성요소(X) 1 몰의 질량을 의미하므로, 기존 SI에서 몰질량은 $M(X) = N_A m(X) = A_r(X) M_u$로 표현된다. 단, 여기서 $m(X)$는 구성요소 X의 원자질량이고, $A_r(X)$는 X의 상대원자질량으로 $A_r(X) = m(X)/m_u$의 관계가 성립한다. 여기서 m_u는 원자질량 상수이다. 새 SI에서의 X의 몰질량을 $\widetilde{M}(X)$라고 하면 $\widetilde{M}(X) = \widetilde{N_A} m(X)$로 표현된다. 이 식에서 $\widetilde{N_A}$와 N_A 사이의 관계를 이용하여 정리하면 기존의 몰질량 $M(X)$와의 차이를 알 수 있다.

이처럼 기존 SI와 새 SI에서 달라지는 것을 정리한 것이 표 4.11이다.

7.2 기본상수에 미치는 영향

새 SI에서 4개의 기본상수, 즉 플랑크 상수 h, 기본전하 e, 볼츠만 상수 k, 아보가드로 상수 N_A를 불확도가 0인 값으로 고정한다는 것이 중요한 점이다. 이렇게 됨으로써 다른 기본상수들에게도 영향을 미치게 된다. 표 4.8에 나타난 것처럼 기존 SI 단위의 정의에 사용된 다섯 개의 양(국제 킬로그램원기, 자기 상수, 전기 상수, 물의 삼중점, 탄소-12의 몰질량)을 제외한 나머지 여러 기본상수들의 상대불확도는 0이 되거나 훨씬 좋아진다. 그리고 표에서 나타난 것처럼 에너지 등가 관계식에서 단위를 전환할 때 환산인자로 인한 불확도가 추가되지 않는다.

이 외에도 불확도가 0인 상수들을 포함하는 기본상수들의 불확도는 0이 된다. 예를 들면, 자기선속양자 $\Phi_0 = h/2e$, 전도율 양자 $G_0 = 2e^2/h$, 패러데이 상수 $F = N_A e$, 몰 플랑크 상수 $N_A h$와 $N_A hc$, 몰 기체상수 $R = k N_A$, 슈테판 – 볼츠만 상수 $\sigma = (\pi^2/60)k^4/\hbar^3 c^2$ 등이 있다.

불확도가 0이 되진 않지만 불확도가 대폭 작아지는 기본상수들도 있다. 특히 전자의 질량을 포함하는 상수들이 그렇다. 전자의 질량 m_e은 뤼드베리 상수 R_∞ 및 미세구조상수 α와 $m_e = 2hR_\infty/(c\alpha^2)$의 관계가 성립한다. CODATA-2014에 의하면 전자 질량의 상대불확도는 $u_r = 1.2 \times 10^{-8}$이다. 그런데 이 불확도는 h의 불확도에 의해 결정된 것이다. 왜냐하면 $u_r(R_\infty) = 5.9 \times 10^{-12}$이고, $u_r(\alpha) = 2.3 \times 10^{-10}$으로 $u_r(h) = 1.2 \times 10^{-8}$보다 훨씬 작기 때문이다. 그래서 새 SI에서 h의 불확도가 0이 되면 전자 질량의 상대불확도는 10^{-10} 수준으로 줄어든다. 이에 따라 보어 마그네톤 $\mu_B = e\hbar/2m_e$의 상대불확도도 같은 수준으로 줄어든다.

전자의 질량에 대한 양성자의 질량의 비는 $m_p/m_e = A_r(p)/A_r(e)$의 관계가 성립되고, 이것의 상대불확도는 9.5×10^{-11}이다. 따라서 양성자 질량의 상대불확도는 새 SI에서 전자의 질량과 동일한 10^{-10} 수준으로 좋아진다. 이에 따라 핵 마그네톤 $\mu_N = e\hbar/2m_p$의 상대불확도도 그 수준으로 좋아진다. 이것은 다른 입자들에게도 마찬가지로 적용된다. 즉, 전자에 대한 임의의 입자

X의 질량비는 $m_X/m_e = A_r(X)/A_r(e)$로 표현되고, 킬로그램 단위로 나타낸 m_X의 상대불확도는 m_e의 상대불확도와 같아진다.

전기 분야에서 1990년부터 사용되어온 조셉슨 상수의 협정값 K_{J-90}과 폰클리칭 상수의 협정값 R_{K-90}은 이제 더 이상 불필요하며, 이것들은 K_J와 R_K로 대체된다. 자기 상수 μ_0와 전기 관련 여러 상수들(전기 상수 ϵ_0, 진공의 특성 임피던스 Z_0, 진공의 어드미턴스 Y_0) 사이의 관계는 아래와 같이 그대로 유지된다.

$$\epsilon_0 = 1/\mu_0 c^2, \ Z_0 = \mu_0 c = (\mu_0/\epsilon_0)^{1/2}, \ Y_0 = 1/\mu_0 c = (\epsilon_0/\mu_0)^{1/2} = 1/Z_0$$

새 SI에서 μ_0는 정확한 값 $4\pi \times 10^{-7} \, \text{N A}^{-2}$이 아니라 실험적으로 결정되어야 하므로 불확도를 가진다. μ_0값은 아래의 관계식에서 구해진다.

$$\mu_0 = \alpha \frac{2\,h}{c\,e^2}$$

여기서 미세구조상수 α를 제외한 나머지는 모두 불확도가 0인 상수들이므로 μ_0값의 불확도는 α값의 불확도에 의존한다. 그리고 각 상수들의 상대불확도 u_r는 모두 똑같아진다.

$$u_r(Y_0) = u_r(Z_0) = u_r(\epsilon_0) = u_r(\mu_0) = u_r(\alpha)$$

미세구조상수 α는 상대불확도가 작지만 측정과 계산에서 여전히 중요한 연구 대상이 될 것이다. 왜냐하면 미세구조상수는 무차원 상수로서 이론물리학자들이 계산값과 비교하여 QED 이론을 더욱 정교화시키는 데 사용하기 때문이다. 또한 기본상수가 시간에 따라 변하는지 여부를 조사하는 연구에도 자주 사용된다.

한편 뤼드베리 상수는 초의 재정의와 관련성이 높은 중요한 상수이다.[21] 수소(H)나 중수소(D)의 전이주파수를 실험으로 측정한 것과 이론으로 계산한 것을 비교함으로써 R_∞의 불확도를 점점 줄여갈 것이고, 궁극적으로는 불

---

21 I.M. Mills, *et al.,* Metrologia, **43** (2006), p.242.

확도 0인 값으로 고정시키게 될 것이다. 이렇게 되면 세슘-133 원자의 초미세 전이주파수로 정의되어 있는 초의 정의는 뤼드베리 상수를 기반으로 재정의 될 수 있다. 이와 관련된 연구로서 독일의 막스플랑크 연구소와 PTB, 프랑스의 LNE-SYRTE 연구소 등이 공동으로 수소원자의 1S-2S 전이주파수를 이광자 분광학으로 측정하여 4.5×10^{-15}의 상대불확도를 갖는 값을 발표했다.[22, 23] 광주파수 영역의 전이주파수를 기존의 세슘원자시계와 비교 측정하는 것이 필요한데, 광빗(optical frequency comb)의 발명으로 이것은 쉽게 이루어질 수 있다. 초의 2차 표현(secondary representation of the second) 목록에 포함되어 있는 광주파수 영역의 여러 이온 및 원자들의 전이주파수는 미래 언젠가 초의 정의를 구현하는 방법으로 활용될 것이라고 생각한다.

22 C.G. Parthey, *et al.*, Phys. Rev. Lett., **107**, 203001 (2011).

23 A. Matveev, *et al.*, Phys. Rev. Lett., **110**, 230801 (2013).

Fundamental Constants and System of Units

기본상수의
불변성에 관한 연구

기본상수의 값은 과연 변하지 않을까? 먼 훗날, 몇 억년, 몇 십 억년 뒤에도 변하지 않을까? 우주가 처음 만들어진 빅뱅 시점으로 거슬러 올라가도 이 값들은 지금과 똑같았을까? 기본상수가 변한다는 것은 물리학 법칙이 변한다는 것을 뜻한다. 그래서 기본상수의 불변성(또는 항구성)에 관한 과학자들의 의심과 연구는 어쩌면 당연한 것이다. 결론부터 말하면, 2002년부터 CODATA는 매 4년마다 이와 관련된 논문 등을 조사하여 그 결과를 발표하고 있는데, 기본상수가 변한다는 실험적 증거는 아직 없다고 명시하고 있다. 그렇지만 이 결론은 기본상수가 변하지 않는다는 것을 확정하는 것은 아니다. 왜냐하면, 큰 측정불확도로 인해 아주 미세한 변화를 찾아내지 못했을 수도 있기 때문이다. 그래서 이 분야의 연구는 더욱 정밀한 방법으로 측정의 한계를 알아내는 방향으로 지속되고 있다. 변화무쌍한 이 세상에서 변하지 않는 숫자가 있다는 사실은 참으로 신비롭고 경이로운 일이다.

그런데 우주론을 연구하는 이론물리학자들은 이 우주에 있는 네 가지 힘(강력, 약력, 전자기력, 중력)은 빅뱅 시점에서는 하나로 통합되어 있었을 것이므로, 그것을 이론적으로 기술하려면 기존의 물리학 법칙이 깨져야 한다고 믿고 있다. 뉴턴은 공간과 시간은 절대적이라고 믿었다. 즉, 공간과 시간은 물질의 존재 여부와 상관없이 어디에서나 일정했다. 그렇지만 아인슈타인의 일반상대성 이론이 등장하면서 물질에 의해 공간과 시간이 영향을 받는다는 것이 밝혀졌다. 그러므로 현재로서는 공간과 시간은 유연하게 변할 수 있으나 물리학 법칙은 변하지 않는다고 믿는 것이 합리적이다. 그런데 자연의 네 가지 힘을 통합하려는 이론, 이른바 '모든 것의 이론(Theory of Everything)'을 추구하는 초끈 이론에 의하면 물리학의 모든 결합상수들과 매개변수들은 우주가 팽창하고 있기 때문에 시간에 따라 변할 것이라고 한다.

중력은 어떤 영역까지 역제곱 법칙을 따를 것인가? 자유낙하의 보편성은 어떤 영역까지 유지될 것인가? 이런 질문에 답하기 위해 기본상수의 변화 가능성 연구가 수행되고 있는데, 이것은 두 가지 방향에서 접근하고 있다. 하나는 오래 전 우주 천체를 관측함으로써 그 당시의 기본상수값을 알아내는 것이다. 다른 하나는 실험실에서 보다 정밀한 측정을 통해 미세한 변화를 알아

내는 것인데, 이 연구에는 주로 고정밀 원자시계가 이용되고 있다.[1]

그런데 여기에 또 다른 문제가 있다. 만약 기본상수가 변한다고 했을 때 우리는 그것을 과연 인식할 수 있느냐 하는 것이다. 쉽게 설명하면 어떤 물체의 길이가 늘어났는데 그것을 재는 자의 길이도 같은 비율로 늘어났다면 자의 수치를 읽는 것으로는 길이가 늘어난 것을 알아채지 못한다는 것이다. 그래서 자와 같이 단위를 가진(차원이 있는) 기본상수의 불변성을 따지는 것은 의미가 없다고 주장하는 과학자들도 있다. 대신에 무차원 상수(예를 들면, 미세구조상수 α나 전자의 질량에 대한 양성자 질량의 비 $m_\mathrm{p}/m_\mathrm{e}$ 등)의 변화 가능성을 연구하는 것이 중요하다고 주장한다.[2]

기본상수의 불변성에는 여러 가지 논쟁거리가 있다. 사실여부를 판단하기에는 아직 우리의 지식이 부족하다. 그래서 지속적인 연구가 필요하다. 불변성에 관한 의문을 처음으로 제기한 사람은 유명한 이론물리학자이다. 이것은 물리학적으로 구한 두 개의 거대 숫자가 우연히 일치한다는 것을 발견하면서부터 시작되었다.

1 디랙의 거대 수 가설(large numbers hypothesis)

노벨물리학상 수상자인 폴 디랙(Paul Dirac)[3]은 1937년에 '거대 수 가설'이라는 것을 발표했다. 디랙의 이 가설은 그 이전에 물리학적으로 구한 두 개의 아주 큰 숫자가 거의 비슷한 값을 가진다는 것을 설명하려고 만들어졌다. 1919년에 독일의 헤르만 웨일(H. Weyl)은 그가 계산한 두 개의 수가 우연히

---

1   이 장에서는 다음 리뷰 논문을 많이 참고했다. 이 논문에는 150여 개의 참고문헌이 달려있다. Takeshi Chiba, "The Constancy of the Constants of Nature: Updates", Progress of Theoretical Physics, Vol. 126, No. 6, December 2011, pp.993‒1019.

2   M. Duff, "Comment on time-variation of fundamental constants," arXiv:hep-th /0208093v3, 11, July, 2004.

3   폴 디랙(1902~1984)은 양자역학과 양자전기역학(QED) 발전에 크게 기여하여 1933년에 슈뢰딩거와 노벨물리학상을 공동 수상했다.

일치한다는 것을 처음으로 발견했다. 그 뒤 1931년에 영국의 아서 에딩턴(A. Eddington)은 그 숫자를 좀 더 자세히 계산했다.[4] 그 숫자는 다음과 같다.

① 전자의 반지름에 대한 우주 크기의 비
② 양성자와 전자 사이의 중력에 대한 전자기력의 비이다.

이것들을 현재 알려져 있는 기본상수값을 대입하여 계산하면 다음과 같다.

$$① \quad \frac{\text{우주의 크기}}{\text{전자의 반지름}} \simeq \frac{\text{빛의 속력} \times \text{우주의 나이}}{\text{전자의 반지름}}$$

우주는 빅뱅에서 시작하여 빛의 속력으로 계속 확장되고 있음으로 빛의 속력에 우주의 나이를 곱하면 대략적인 그 크기가 나온다. 현재 알려진 우주의 나이는 약 138억 년이므로 우주의 크기는 대략 1.30×10^{26} m이다. 한편, 고전적 전자의 반지름은 $r_e \simeq 2.81 \times 10^{-15}$ m이므로 위 식을 계산하면 약 4.6×10^{40}이 된다.

$$② \quad \frac{\text{양성자와 전자 사이의 전자기력}}{\text{양성자와 전자 사이의 중력}} = \frac{\text{쿨롱의 법칙}}{\text{만유인력의 법칙}} = \frac{\dfrac{1}{4\pi\epsilon_0}\dfrac{e^2}{a_0^2}}{G\dfrac{m_p m_e}{a_0^2}}$$

위 식에 기본상수인 양성자 질량 m_p, 전자의 질량 m_e, 보어 반지름 a_0, 기본전하 e, 중력상수 G 및 전기상수 ϵ_0값을 대입하면 ②의 값은 약 2.3×10^{39}이 나온다.

전혀 다른 성질의 이 두 값이 $\sim 10^{40}$ 수준으로 거의 비슷하게 나온다는 것은 우연일까? 아니면 우리가 모르는 어떤 이유가 있을까? 디랙은 이것이 우연의 일치가 아니고, 두 숫자 사이에 우리가 모르고 있는 어떤 연결 고리가 있다고 생각했다. 그는 우주의 크기는 시간에 따라 점점 커지고 있으므로 위의 숫자 관계가 일정하게 유지되려면 중력이 시간에 따라 변해야 한다고 생각했다. 그래서 그가 제시한 두 가지 가설은 다음과 같다.

■ ■

4   제2장의 NOTE 2-1에 기본상수의 최근 값을 이용한 계산결과가 있다.

- 중력의 세기는 우주의 나이에 반비례한다. 즉, 중력상수는 우주 나이 t 와 다음 관계를 가진다. $G \propto 1/t$
- 우주의 전체 질량은 우주 나이의 제곱에 비례한다. $M \propto t^2$

이 가설은 그 당시 주류 물리학자들에게는 수용되지 않았다. 왜냐하면 일반상대성 이론에 의하면 중력상수의 값은 일정해야 하기 때문이다. 그리고 디랙 자신도 전자기력과 중력의 비에 대해 설명하기 위한 이론을 전개하는 과정에서 G 값의 변화는 에너지 보존법칙에 위배된다는 사실을 알았다. 그래서 디랙은 이에 대한 대안으로 다음 두 가지 가설을 다시 제시했다.[5]

- 우주 공간에 새로운 물질이 균일하게 만들어지고 있다.
- 또는 우주에 있는 기존의 물질에 새 물질이 만들어져 추가되고 있다.

디랙의 이 가설은 여러 분야 과학자들에게 우주에 대해 관심을 갖게 하고 영감을 주었다. 그래서 여러 과학자들이 이와 관련된 새로운 주장을 했고, 그들 사이에 토론과 논쟁을 촉발시켰다. 그중에서 디케(R. Dicke)[6]는 1961년에 이 우주는 인간과 같은 고등 생명체가 존재할 수 있도록 미세 조정되었다는 주장을 했다. 그에 의하면 중력상수의 값이 현재의 값으로 정해졌기 때문에 태양과 같은 별에서 수소가 핵융합을 하여 탄소로 변환될 수 있다는 것이다. 탄소는 생명체를 만드는 기본요소이므로 현재의 중력값은 생명체가 만들어지기 위한 조건이라는 것이다. 이 값이 일정 범위를 벗어나게 되면(더 크거나 더 작다면) 태양에서 현재와 같은 핵융합은 불가능하고, 그로 인해 생명체가 존재할 수 없다는 것이다. 이런 식의 주장을 흔히 '인간 중심 원리'라고 부른다.[7] 이것은 과학의 범주를 벗어났다는 주장도 있지만 이런 관심으로 인해 기본상수의 불변성의 연구가 지속되고 있는 것인지도 모른다.

---

5   S. Ray, *et.al.*, "Large Number Hypothesis: A Review," arXiv:0705 1836, 2007.

6   로버트 디케(1916~1997)는 미국의 물리학자로서 천체물리, 원자물리, 우주론 등에 큰 기여를 했다.

7   anthropic principle의 우리말 번역인데, '지성체 중시설'로 번역되기도 한다. 이것은 지성을 가진 인간이 이 우주에 존재할 수 있게 된 것은 기본상수가 오늘날과 같은 값을 가지기 때문이라는 것이다(참고문헌: John D. Barrow, *The Constants of Nature*, Vintage Books, New York, 2002, pp.141 – 176).

NOTE 5-1 빛의 속력이 줄어들면 어떤 일이 생길까?

러시아 출신의 미국 물리학자인 조지 가모브(George Gamow)는 빅뱅 이론의 주창자로 널리 알려져 있다. 또한 일반인들을 위한 과학소설 작가로서도 유명한데 여러 작품들을 남겼다. 우리말로도 번역되어 출판된 "이상한 나라의 톰킨스 씨", "조지 가모브 물리열차를 타다"라는 책에서 빛의 속력이 지금보다 훨씬 느린, 이상한 나라에서 발생하는 여러 가지 현상들을 이야기하고 있다. 그 나라에서 자전거를 타고 가면서 상대성 이론이 예측한 것처럼 길이 수축에 의해 건물의 길이가 짧아지는 것과 시간 팽창을 겪는다. 빛의 속력이 줄어들면서 일상생활에서도 양자현상을 경험하게 되고, 블랙홀, 우주팽창과 같은 우주론적인 사건도 겪는다.

그런데 이 소설의 과학적 타당성에 대해 반론을 제기한 과학자가 있다.[8] 빛의 속력이 줄어들었을 때 우리는 그것을 인식하지 못한다는 것이다. 이를 설명하기 위해 빛의 속력이 갑자기 절반으로 줄어들었다고 $(c \rightarrow c/2)$로 가정한다. 단, 빛의 속력을 제외한 다른 물리상수들은 변하지 않았다고 가정한다. 이때 우리는 빛의 속력이 줄어든 것을 측정으로 알아낼 수 있을까?

플랑크 단위계에서 플랑크 길이는 $l_P = (\hbar G/c^3)^{1/2}$로 정의되므로, 빛의 속력이 절반으로 줄어들면 플랑크 길이는 $2\sqrt{2}$배로 늘어난다. 그리고 플랑크 시간은 $t_P = l_P/c = (\hbar G/c^5)^{1/2}$이므로, 빛의 속력이 절반으로 줄어들면 플랑크 시간은 $4\sqrt{2}$배로 늘어난다.

현재의 SI 단위계에서 빛의 속력은 $c = 299\ 792\ 458$ m/s로 정의되어 있다. 이것을 빛의 속력이 달라진 세상에서 만들어진 새 단위계(프라임으로 표시)로 나타낸다면 $c' = \{c'\} \times$ m′/s′로 표현할 수 있다. 그런데 $c' = c/2$인 세상에서는 플랑크 단위계로 계산한 것처럼 시간과 길이가 모두 늘어난다. 즉, 새 단위는 $s' = 4\sqrt{2}$ s이고 m′$= 2\sqrt{2}$ m이다. 그러므로 $\{c'\} = c'/(m'/s') = c/(m/s) = 299\ 792\ 458$이 되어 현재와 같다. 결론적으로 우리는 빛의 속력이 줄어든 것을 측정으로 알 수 없다.

8   M. Duff, *et al.,* "Trialogue on the number of fundamental constants". Journal of High Energy Physics 3: 023 (2002).

2 중력 상수 G의 변화 가능성 연구

중력은 자연에 존재하는 네 가지 힘 중에서 그 세기가 가장 약하다. 중력은 우리에게 가장 친숙하고 또 쉽게 느끼기 때문에 가장 클 것으로 생각되지만 다른 세 가지 힘에 비하면 너무 작다. NOTE 2-1에서 계산한 것처럼 중력은 전자기력에 비하면 10^{-40} 수준이다. 가장 강한 힘은 강력이라고 부르는 핵력으로서 원자력 발전을 일으키는 힘이다. 중력보다 엄청 큰 전자기력도 강력에 비하면 100분의 1 수준이다. 약력은 강력의 10^{-14} 수준이다. 그런데 강력과 약력은 그 힘이 미치는 범위가 아주 짧아서 우리가 일상생활에서는 전혀 느낄 수 없다. 강력(핵력)은 원자핵 안에서 작용하는 것으로 10^{-15}미터 이내에서만 작용한다. 약력은 이보다 더 짧은 10^{-17}미터 정도이다.[9]

중력이 가장 약하기 때문에 중력상수를 측정하는 것이 그만큼 어렵다. 그래서 중력상수의 상대측정불확도는 10^{-5} 수준으로 다른 기본상수들에 비하면 크다. 그렇기 때문에 중력상수 G의 변화를 측정하는 것도 쉽지 않은 일이다. 여기서는 천체에서와 실험실에서 G값의 변화를 측정한 실험을 간략히 소개한다.

2.1 천체에서 G의 변화 측정

G값의 변화를 측정하는 방법은 대부분 천체를 대상으로 한다. 중력의 영향이 가장 잘 나타나는 것이 천체이기 때문이다. G값의 변화는 행성의 운동에 영향을 미칠 것이다. 행성이 도는 궤도를 자세히 관찰하고, 뉴턴의 만유인력의 법칙을 근간으로 만든 태양계 모델과 비교함으로써 변화 가능성을 짐작할 수 있다. 실제로 화성에 착륙한 바이킹 호를 이용하여 화성과 지구 사이의 거리를 수천 번 측정하였다.[10] 그 데이터를 태양계 모델과 비교하고 통계 처

---

9   최무영, "최무영 교수의 물리학 강의" (책갈피, 2008), pp.131-133.
10 미국 항공우주국(NASA)의 Deep Space Network의 추적 장치가 바이킹 호와의 거리를 측정하는 데 사용되었다.

리한 결과, G값의 변화 범위는 다음과 같았다.[11]

$$\dot{G}/G = (2 \pm 4) \times 10^{-12} \text{ yr}^{-1}.$$

단, 여기서 $\dot{G} \equiv dG/dt$는 시간에 따른 G값의 변화를 의미한다. 단위 yr^{-1}은 1년당 변화를 나타내므로, $\dot{G}/G$는 1년 동안 변한 값의 상대치를 의미한다. 그리고 괄호 속 앞의 숫자는 평균값, 뒤의 것은 불확도이다. 이 결과를 쉽게 말하면, G값은 1년 동안에 상대적으로 2×10^{-12} 만큼 변했다. 그런데 불확도($\pm 4 \times 10^{-12}$)가 평균값보다 더 크고, 0을 포함하기 때문에 G값이 변했다고 확정지을 수 없다. 따라서 불확도를 줄일 수 있는 더욱 정밀한 측정법이 필요하다.

이와 비슷한 방법으로 달을 향해 레이저를 쏘아서 그 빛이 달에서 반사되어 돌아오는데 걸리는 시간을 측정하여 지구와 달 사이의 거리를 구한다.[12] 그 데이터를 이론 모델과 비교하여 G의 변화를 알아낼 수 있다. 2004년까지의 데이터를 이용한 새로운 해석의 결과는 다음과 같다.[13]

$$\dot{G}/G = (4 \pm 9) \times 10^{-13} \text{ yr}^{-1}$$

이 결과는 화성까지의 거리를 측정한 것에 비해 한 차수 더 정밀해졌다. 그렇지만 이것도 역시 불확도가 평균값보다 더 크고 0을 포함한다.

쌍성 펄서(binary pulsar)는 중성자별 2개가 쌍을 이루어 아주 빠르게 회전하는 별을 일컫는다. 이 쌍성은 회전에 의해 전파를 발생하고, 아주 밝다는 특징이 있다. 그래서 블랙홀 연구에 중요한 단서로 사용되고 있다. 그런데 쌍성 펄스의 궤도 회전 주기는 G가 변하면 달라질 수 있다. 따라서 궤도 주기를 측정하면 G값의 변화를 알 수 있다. J0437-4715라고 명명된 쌍성 펄서에 대해 측정하여 분석한 결과는 다음과 같다.[14]

$$\dot{G}/G = (-5 \pm 18) \times 10^{-12} \text{ yr}^{-1}$$

■ ■

11 R. W. Hellings, *et al.*, Phys. Rev. Lett. **51**, 1609 (1983).
12 이 방법을 LLR(Lunar Laser Ranging)이라고 한다. 달 표면에는 반사경으로 사용되는 코너 큐브가 설치되어 있다.
13 J. G. Williams, *et al.*, Phys. Rev. Lett. **93**, 261101 (2004).
14 J.P.W. Verbiest, *et al.*, Astrophys. J. **679**, 675 (2008).

이것은 앞의 두 결과와 달리 평균값이 음의 부호를 갖지만 다른 결과들과 마찬가지로 불확도가 평균값보다 더 크고 0을 포함한다.

이 외에도 별의 밝기를 측정하거나, 중성자별의 질량을 측정하거나, 별에 있는 헬륨-4의 존재비율을 알아내면 중력의 변화를 예측할 수 있다. 그러나 현재까지의 결과는 $\dot{G}/G$의 불확도가 평균값보다 더 크고 0을 포함하거나, $\Delta G/G$가 ($-$)와 ($+$) 사이에서 여러 값을 가진다. 결론적으로 말하면 시간에 따라 중력이 변한다는 증거는 아직 없다.

2.2 실험실에서 G의 변화 측정

천체를 대상으로 한 실험은 실험할 수 있는 조건(예; 별이 보이는 밤)이 맞아야만 가능하다. 그리고 별이 있는 위치에서의 실제 상황을 상세히 알 수 없다. 이에 비해 실험실에서는 G값 또는 $\dot{G}$값 측정을 쉽게 반복할 수 있고, 실험 조건을 임의로 바꿀 수 있다는 장점이 있다. 그래서 천체 실험의 한계를 보완할 수 있다.

실험실에서 G값의 측정에 관한 것은 제2장에서 설명하였다. 주로 비틀림 저울을 이용하여 측정하였고 최근에는 원자 간섭계를 이용하는 방법이 새롭게 등장하였다. 그런데 실험실에서 구한 $\dot{G}/G$의 정확도는 천체에서의 측정값에 비해 여섯 자리 더 나쁘다. 그렇지만 최근 10년 동안에 정확도가 한 자리 개선된 추세를 보면 향후 100년 뒤에는 상황이 바뀔 것으로 기대된다. 결론적으로 현재까지 G값이 변한다는 실험적 증거는 없다. 그렇지만 G값의 변화 한계를 측정하는 실험은 앞으로도 계속될 것으로 추측된다.

3 미세구조상수 α의 변화 가능성 연구

미세구조상수는 무차원 상수이다. 그래서 많은 과학자들이 상수의 불변성 연구의 대상으로 자주 사용한다. 이 상수는 제2장 3절에서 설명했듯이 아래와 같이 기본전하, 빛의 속력, 플랑크 상수 등으로 이루어져 있다. 그리고 이 상수는 전자기적 상호작용을 나타내는 것으로 알려져 있다. α의 시간적 변화에 대한 연구는 지금까지 크게 다음 세 가지 방법으로 이루어져 왔다. 이 절에서 자주 등장하는 적색 편이는 NOTE 5-2에서 설명한다.

$$\alpha = \frac{1}{4\pi\epsilon_0} \frac{e^2}{\hbar c} = \frac{\mu_0}{4\pi} \frac{e^2 c}{\hbar}$$

3.1 오클로(Oklo) 자연 원자로에서 α의 변화 연구

프랑스의 식민지였던 가봉의 오클로[15] 광산에서 과학자들은 우라늄-235의 농도가 기대했던 것보다 낮다는 것을 알았다. 그 이유는 이 우라늄 광산이 약 20억 년 전(적색 편이 $z \simeq 0.16$)에 자연적으로 핵분열을 일으켜서, 그동안 자연 원자로로 작동했었기 때문이라는 것이 밝혀졌다. 좀 더 자세히 설명하면 우라늄(U)-235가 핵분열에 의해 생성되는 원소 중에 사마리움(Sm)-149가 있는데 이 동위원소가 α 값의 변화를 감지하는 데 사용된다. 즉, 자연 상태에서 $^{149}Sm/^{147}Sm$의 비는 0.9인데, 오클로에서 얻은 샘플은 0.02로 훨씬 작았다. 이것은 ^{149}Sm이 우라늄 분열 과정에서 생겨난 중성자를 흡수하여 ^{150}Sm으로 바뀌었기 때문에 ^{149}Sm의 개수가 대폭 줄어든 것이다.

사마리움의 중성자 흡수단면적을 구하는 공식은 잘 알려져 있고, 이것은 원자의 공진 에너지의 함수로 표현된다. 그리고 지구화학적 데이터와 핵 데이터를 이용하여 오클로 자연 원자로가 동작하던 시점에서의 흡수단면적을 구할 수 있다. 흡수단면적으로부터 공진 에너지를 구할 수 있는데, 공진 에너지의 변화는 α 값의 시간적 변화와 관련되어 있다. 여러 과학자들이 오클로를 이용하여 α 값의 변화량을 구했는데, 2000년에 발표된 값은 $\dot{\alpha}/\alpha = (0.2\pm0.8)\times10^{-17}\,yr^{-1}$이었다.[16]

이 결과는 불확도가 평균값보다 더 크고 0을 포함한다. 따라서 1년 동안의

---

15 오클로(Oklo)는 서 아프리카 가봉에 있는 우라늄 광산 지역의 이름이다. 1972년에 오클로 광산에서 자연적인 핵분열을 일으키는 자연원자로가 발견되었다.

16 Y. Fujii, *et al.*, Nucl. Phys. B 573, 377 (2000).

α값의 상대적 변화는 0으로 볼 수 있다. 그런데 변화의 한계는 10^{-17} yr^{-1} 수준에 이른다. 원자로에 관한 현대적 기법을 이용하여 오클로 원자로 전체를 대상으로 컴퓨터로 계산한 결과, α 값의 변화량(옛날 α 값에서 현재 α 값을 뺀 값)은 상대값으로 $\Delta\alpha/\alpha = (-2.4 \sim 1.1) \times 10^{-8}$이 나왔다.[17] 이것 역시 0을 포함하고 있어서 α의 시간적 변화를 단정할 수 없다. 그리고 이 결과들은 뒤에 설명할 다른 방법에 비해 불확도가 한 차수 이상 작다.

3.2 퀘이사(quasar)의 분광 분석에 의한 α의 변화 연구

퀘이사는 지구로부터 매우 멀리 떨어져 있으며 강한 에너지를 방출하는 활동 은하핵을 말한다. 그 중심에는 초대 질량의 블랙홀이 있고, 밀도가 매우 높다. 그래서 주변의 원소로부터 아주 밝은 복사선을 방출한다. 이 빛을 분석하면 어떤 물질이 있는지, 적색 편이가 얼마인지 알 수 있다.

최외각 전자가 한 개인 수소형 원자의 에너지 준위는 이론적으로 잘 알려져 있다. 전자의 스핀과 궤도 운동의 결합에 의해 만들어진 미세구조는 주양자수(n)는 같고, 각운동량 양자수(J)가 다른 에너지 준위를 갖는다. 예를 들어, 수소 원자의 미세구조의 에너지 차이는 다음 식으로 표현된다.

$$E(2P_{3/2}) - E(2P_{1/2}) \simeq m_e c^2 \alpha^4 /32$$

여기서 괄호 속의 2는 주양자수이고, 3/2와 1/2는 총 각운동량 양자수이다. 이 식에서 보듯이 미세구조의 에너지 차이는 미세구조상수 α의 4제곱에 비례한다. 수소 원자에서 이 미세 전이는 파장이 대략 2.75 cm(주파수로는 10.9 GHz)인 마이크로파에 해당한다.

한편, 이 에너지 준위들은 양성자 스핀과의 결합에 의해 각각 2중선으로 분리되는데, 이것을 초미세 준위라고 한다. 예를 들어, 수소 원자의 경우(n= 1, J= 1/2)의 에너지 준위는 다음과 같은 초미세 분리가 일어난다.[18]

17 C. R. Gould, *et al.,* Phys. Rev. C **74**, 024607 (2006).

18 J. Vanier and C. Audoin, "The Quantum Physics of Atomic Frequency Standards," Vol.1, Adam Hilger, 1989, p.23.

$$\Delta E_{\mathrm{hf}} \propto m_e c^2 \alpha^4$$

초미세 분리된 이중선도 α의 4제곱에 비례한다. 수소 원자에서 이 초미세 전이는 파장이 대략 21.1 cm(주파수로는 1.4 GHz)인 마이크로파에 해당한다. 따라서 퀘이사에서 관찰되는 복사선의 미세 전이나 초미세 전이는 그 위치 (그 시대)의 α값에 관한 정보를 가지고 있다. 적색편이로 나타나는 퀘이사까지의 거리, 즉 시간에 따라 α값을 구하고, 그 값들을 비교하면 α의 시간적 변화를 알 수 있다.

퀘이사에는 무거운 원소들이 이온 상태로 존재하는 것이 많다. 이들 중 최외각 전자가 한 개인 알칼리형 이온의 이중선을 이용하여 α의 변화량을 구했다. 그런데 이 방법보다 철이나 마그네슘 이온의 다중 흡수선을 비교하는 것이 훨씬 더 α의 변화에 민감하다는 것을 알게 되었고, 적색편이 $z = 0.5 \sim$ 1.6 사이에서 구한 α 변화량은 $\Delta\alpha/\alpha = (-1.09 \pm 0.36) \times 10^{-5}$이었다.[19] 이 결과는 불확도가 평균값보다 더 작고, 평균값은 $(-)$ 부호를 가진다. 다시 말하면 옛날의 α값이 현재보다 작다는 것을 뜻하고, α가 시간의 흐름에 따라 커진다는 것을 의미한다. 그리고 이 논문의 저자들이 옛날에 측정된 다른 데이터들을 다시 분석한 결과 여전히 $(-)$ 부호를 가진다는 것을 발견했다. 그렇지만 저자들은 이것이 관측 시스템의 오차 때문일 것으로 생각하고 있다.[20]

그러나 VLT[21]로 관측한 최근의 데이터들을 분석한 결과는 앞의 결과와는 반대로 $(+)$ 부호를 가지는 것으로 나왔다.[22] 즉, 옛날의 α가 현재보다 더 크다는 것이다. 지금까지 VLT와 켁 망원경[23]으로 관측한 퀘이사로부터 얻은 α값들을 적색 편이에 대해 점을 찍어보면, 전반적으로 $(-)$ 쪽에 치우쳐 있고, 적색 편이가 증가할수록, 즉 옛날로 거슬러 올라갈수록 $(-)$쪽으로 더 치우치는 경향을 보인다. 다시 말하면 퀘이사를 이용한 연구의 결과는 대체적

■■

19 J.K. Webb, *et al.,* Phys. Rev. Lett. **82**, 884 (1999).

20 J.K. Webb, *et al.,* Phys. Rev. Lett. **87**, 091301 (2001).

21 Very Large Telescope (VLT)은 칠레 북부 아타카마 사막에 설치되어 있는 망원경으로, 4개의 개별 망원경으로 구성되어 있다. 각각의 망원경은 주경의 직경이 8.2 m이다.

22 J.K. Webb, *et al.,* Phys. Rev. Lett. **107**, 191101 (2011).

23 켁(Keck) 망원경은 하와이 마우나케아 산 정상에 있으며 두 개의 망원경으로 구성되어 있다. 각 반사경의 직경은 10 m로서 세계에서 가장 크다.

으로 미세구조상수가 시간에 따라 증가한다는 것을 의미한다. 이를 확인하기 위해 스바루 망원경[24]을 이용하여 퀘이사를 관측하고 분석하는 연구가 계속 진행되고 있다.

> ### NOTE 5-2 적색 편이(red shift)
>
> 은하나 별이 언제 태어났는지 어떻게 알 수 있을까? 그것은 빅뱅으로 우주가 탄생한 후 우주는 계속 팽창하고 있다는 사실을 허블이 발견한 후 알 수 있게 되었다. 오래된 천체일수록 지구에서 더 멀리 있고 그것들이 팽창하는 속력은 더 빠르다. 팽창한다는 것은 지구에서 더 멀어진다는 것이다. 빛이 나오는 별이 지구에서 멀어지는 방향으로 움직이면 그 별빛의 스펙트럼은 도플러 효과에 의해 파장이 길어지는 방향(적색 방향)으로 이동한다. 이것을 '적색 편이'라고 부른다. 속력이 빠를수록, 즉 더 멀리 있는 별일수록 적색 편이는 더 커진다.
>
> 별을 구성하는 물질이나 성간 물질들은 특정한 원소(예: 수소)로 구성되어 있고, 그 원소들은 모두 각각 독특한 흡수(또는 발광) 선 스펙트럼을 가진다. 망원경으로 이 선 스펙트럼을 관찰하고, 현재 정지상태의 선 스펙트럼과 비교하여 파장이나 주파수의 이동 정도를 알아내고, 다음 식으로 적색 편이 양 z를 구한다.
>
> - 파장으로 관측하는 경우: $z = (\lambda_o - \lambda_e)/\lambda_e$
>   단, λ_o는 관찰자(observer)가 잰 파장이고, λ_e는 정지상태의 발광체(emitter)가 내는 파장이다.
> - 주파수로 관측하는 경우: $z = (f_e - f_o)/f_o$
>   단, f_e는 정지상태의 발광체가 내는 주파수이고, f_o는 관찰자가 잰 주파수다.
>
> z값이 (+)인 경우가 적색 편이이고, (−)인 경우는 청색 편이이다. 청색 편이는 발광체가 관찰자에게 가까워지는 경우에 발생한다. 일반적으로 우주 팽창에 의한 적색 편이는 지구에서 수백만 광년 이상 떨어진 천체에서 관측된다.
>
> 적색 편이 양으로부터 천체의 나이를 계산하기 위해선 우주의 밀도를 알아야 한다. 또한 중력에 의한 적색 편이도 있기 때문에, 적색 편이로부터 천체의 나
>
> (계속)

■ ■
24 스바루(Subaru) 망원경은 하와이 마우나케아 산 마루에 있는 일본 망원경으로 반사경의 직경은 8.2 m이다.

이를 구하기 위해선 이론적 모델에 대한 이해가 필요하다. 여기서는 대략적인 값만 소개한다.

- $z = 0.5 \Rightarrow$ 약 53억 년 전(나이: 약 85억 살)
- $z = 1.0 \Rightarrow$ 약 80억 년 전(나이: 약 58억 살)
- $z = 2.0 \Rightarrow$ 약 105억 년 전(나이: 약 33억 살)
- $z = 3.0 \Rightarrow$ 약 117억 년 전(나이: 약 21억 살)

가장 큰 적색편이가 관찰된 것은 $z = 7.085$인 퀘이사(quasar)로서, 이것은 지구에서 약 290억 광년 떨어져 있으며, 우주 탄생 초기에 생겼다.

4 원자시계를 이용한 기본상수의 변화 가능성 연구

시간은 다른 어떤 물리량보다도 가장 정확하게 측정할 수 있다. 시간의 역수는 주파수이므로 주파수도 시간과 똑같이 정확하게 측정할 수 있는 양이다. 정확한 시간과 주파수를 생성하고 측정하는 장치가 원자시계이다. 원자시계는 원자가 가진 에너지 준위 사이의 전이에 의해 발생하는 주파수를 이용하는 것이다. 그래서 원자 주파수 표준기라고도 부른다. 어떤 원자(또는 이온)를 선택하느냐에 따라 원자시계의 이름이 달라지고 전이 주파수도 달라진다. 전이 주파수가 마이크로파 영역인 원자시계가 지금까지 많이 개발되었지만 최근 들어 광주파수 영역인 것들이 새롭게 개발되었다. 광주파수 영역의 원자시계를 광시계(optical clock) 또는 광주파수 표준기(optical frequency standard)라고 부른다.

현재 사용되고 있는 시간의 단위인 초의 정의는 세슘 원자의 전이 주파수를 기준으로 정의되어 있다. 2018년에 바뀌게 될 새 국제단위계에서도 세슘 원자가 여전히 기준으로 사용될 예정이다. 새 국제단위계에서는 세슘 원자의 초미세 구조 사이의 전이 주파수로부터 시간의 단위를 유도한다. 이 주파수는 기본상수로서 정확히 다음 값으로 정의되어 있다.

$$\Delta\nu_{Cs} = 9\,192\,631\,770\,\text{Hz}$$

따라서 주파수의 단위인 헤르츠와 시간의 단위인 초는 다음과 같이 표현된다.

$$\text{Hz} = \frac{\Delta\nu_{Cs}}{9\,192\,631\,770} \quad, \quad \text{s} = \text{Hz}^{-1} = \frac{9\,192\,631\,770}{\Delta\nu_{Cs}}$$

그런데 어떤 양을 측정한 결과는 측정된 값(수치)과 측정 단위로 표현된다 (참고: 제5장 2절). 측정량이 주파수(f)인 경우는 $f = \{f\} \cdot [f]$로 쓸 수 있다. 이것을 측정된 값에 대해 다시 쓰면 $\{f\} = f / [f]$이고, 주파수의 단위 $[f] =$ Hz 이므로 위 식을 이용하면 아래와 같이 표현된다.

$$\{f\} = \frac{f}{[f]} = 9\,192\,631\,770 \cdot \frac{f}{\Delta\nu_{Cs}}$$

이 식은 기본상수인 세슘 원자의 초미세 전이주파수 $\Delta\nu_{Cs}$가 일정해야만 (시간에 따라 변하지 않아야) 같은 주파수 f를 측정할 때 항상 같은 값$\{f\}$이 나온다는 것을 보여 주기 위해 유도한 것이다.

그런데 이런 기본상수는 언제 어디서나 항상 일정할까? 지금부터 그것에 대해서 알아본다.

4.1 원자의 광주파수 전이

수소 원자는 양성자 하나와 전자 하나로 이루어진 가장 간단한 원자이다. 그래서 이론적으로 가장 많이 연구되어 있다. 수소 원자에서 발생하는 선 스펙트럼의 파장은 아래의 뤼드베리 공식에 의해 구해진다.

$$\frac{1}{\lambda} = R_\infty \left(\frac{1}{n_1^2} - \frac{1}{n_2^2} \right)$$

단, $R_\infty (= \alpha^2 m_e c/2h)$는 뤼드베리 상수이고, n_1과 n_2는 주양자수인데, $n_1 < n_2$이다.

위 식에서 전자가 $n_2 = 2$에서 $n_1 = 1$로 전이할 때 발생하는 전이선의 주파수는 다음 식으로 표현된다. 여기서 전자의 주양자수에 의한 원자의 에너지 구조를 큰 구조(GS; gross structure)라 하고, 큰 구조 사이의 전이 주파수는 대개 광주파수 영역에 해당한다.

$$f_{\mathrm{NR}}(GS) \simeq \frac{3}{4} R_\infty c \tag{5.1}$$

단, $R_\infty c$는 뤼드베리 주파수로서 약 3.2×10^{15} Hz의 값을 가진다. 그런데 위 식은 상대론 효과를 고려하지 않은 것(NR: non-relativistic)이다. 이론적으로 더 정확한 주파수를 계산하기 위해서는 상대론 효과를 고려해야 한다. 특히 무거운 원자일수록 상대론 효과는 더 커진다. 원자번호가 Z인 원자의 경우 상대론적 보정은 $(Z\alpha)^2$에 비례하여 커진다. 상대론적 보정인자를 $F_{\mathrm{r}}(\alpha)$라고 하면 원자의 전이주파수는 다음 식으로 표현된다.

$$f = f_{\mathrm{NR}} \cdot F_{\mathrm{r}}(\alpha) \tag{5.2}$$

단, $F_{\mathrm{r}}(\alpha)$는 α에 의존성을 갖는 무차원 함수이다.[25]

원자전이 주파수의 변화량을 Δf라 할 때 우리는 이것의 상대적인 양 $\Delta f/f$의 시간적 변화를 알고자 한다. 식 (5.2)에서 $(\Delta f/f)$를 시간에 대해 편미분 하되 아래 관계식을 이용하여 다시 쓰면 식 (5.3)이 된다.

$$\frac{\partial}{\partial t}\left(\frac{\Delta f}{f}\right) \equiv \frac{\partial \ln f}{\partial t}, \quad k \equiv \frac{\partial \ln F_r}{\partial \ln \alpha}$$

$$\frac{\partial \ln f}{\partial t} = \frac{\partial f_{NR}}{\partial t} + k \cdot \frac{\partial \ln \alpha}{\partial t} \tag{5.3}$$

이 식에서 k는 원자전이 주파수의 α에 대한 민감도를 나타내는데, 이 값은 원자에 따라 다르다.[26] 자세한 것은 표 5.1에 정리되어 있다.

25 J.D. Prestage, *et al.*, Phys. Rev. Lett. **74**, 3511 (1995).
26 J. Guena, *et al.*, Phys. Rev. Lett. **109**, 080801 (2012).

4.2 원자의 마이크로파 주파수 전이

전자는 원자핵 주위로 궤도 운동을 하면서 동시에 스핀 운동도 한다. 이 둘의 결합에 의해 만들어진 에너지 구조를 미세구조(FS; fine structure)라고 한다. 미세구조 사이에서의 전이 주파수는 식 (5.1)에 나타난 뤼드베리 주파수 외에 미세구조상수 α에 대한 의존성을 가진다. 수소 원자의 미세구조에서의 전이($2P_{3/2} \rightarrow 2P_{1/2}$) 주파수는 다음 식으로 표현된다.[27]

$$f_{\mathrm{NR}}(FS) \simeq \frac{1}{16} \cdot \alpha^2 \cdot R_\infty c \tag{5.4}$$

한편 초미세구조(HFS; hyper-fine structure)는 전자의 스핀과 원자핵의 스핀이 결합하여 만들어진 에너지 구조를 말한다. 마이크로파 영역의 원자시계에 사용되는 원자는 바닥상태의 초미세구조 사이의 전이를 이용한다. 초미세구조는 원자핵이 관련되기 때문에 초미세 전이 주파수는 원자핵의 g-인자(g_{I}) 및 전자 – 양성자 질량비($m_{\mathrm{e}}/m_{\mathrm{p}}$)에 대한 의존성을 가진다. 상대론 효과를 고려한 전이주파수는 다음 식으로 표현된다.[28]

$$f(HFS) = C \cdot g_{\mathrm{I}}\left(\frac{m_{\mathrm{e}}}{m_{\mathrm{p}}}\right) \cdot \alpha^2 \cdot F_{\mathrm{r}}(Z\alpha) \cdot R_\infty c \tag{5.5}$$

단, C는 시간에 대해 의존성이 없는 상수이다. 원자핵의 g-인자는 $g_{\mathrm{I}} = \mu_{\mathrm{I}} / (\mu_{\mathrm{N}} I)$로 정의되는데, μ_{I}는 핵자기모멘트, μ_{N}는 핵마그네톤, I는 핵스핀을 나타낸다. 그리고 $F_{\mathrm{r}}(Z\alpha)$는 상대론 보정인자이고, Z는 원자번호다.

따라서 초미세 전이 주파수의 시간적 변화는 다음 식으로 표현된다.

$$\frac{\partial \ln f}{\partial t} = \frac{\partial}{\partial t}\left[g_{\mathrm{I}}\left(\frac{m_{\mathrm{e}}}{m_{\mathrm{p}}}\right)\right] + (2+k)\frac{\partial}{\partial t}\ln\alpha + \frac{\partial}{\partial t}\ln(R_\infty c) \tag{5.6}$$

단 $k = \dfrac{\partial \ln F_{\mathrm{r}}}{\partial \ln \alpha}$이고, $\partial \ln f / \partial t = (\partial f / f)/\partial t = \dot{f}/f$이다.

■■

27 S.G. Karshenboim, *et al.*, arXiv: physics/0410074v1 12 Oct 2004.

28 S.N. Lea, Rep. Prog. Phys. **70**, 1500 (2007).

위 식에서 맨 마지막 항의 뤼드베리 주파수는 $R_\infty c = \alpha^2 m_e c^2 / 2h$의 관계를 가지므로 α에 대한 의존성이 있다. 그리고 맨 첫 번째 항의 $g_I(m_e/m_p)$는 이론적 모델에 의해 쿼크의 질량(m_q) 및 양자색역학(QCD) 눈금(Λ_{QCD})의 비(m_q/Λ_{QCD})에 의존성이 있다.[29]

그래서 위 식에서 원자의 전이 주파수의 변화를 다음 세 가지 무차원 상수의 변화로써 나타내기도 한다. 단, $\mu = m_e/m_p$이다.

$$\frac{\partial \ln f}{\partial t} = k_\alpha \frac{\partial}{\partial t} \ln \alpha + k_\mu \frac{\partial}{\partial t} \ln \mu + k_q \frac{\partial}{\partial t} \ln (m_q/\Lambda_{QCD}) \qquad (5.7)$$

여기서 k_α, k_μ, k_q는 각각 해당 상수에 대한 전이 주파수의 민감도이다. 이것들은 원자에 따라 다른 값을 가진다. 민감도가 크다는 것은 각각의 기본상수의 변화에 대해 원자전이 주파수의 변화가 크다는 것을 의미한다. 원자시계에 사용되는 원자 및 이온들의 전이 주파수의 민감도가 표 5.1에 나와 있다.

이 표에서 보는 것처럼 원자의 큰 구조(GS) 사이의 전이에서 발생하는 광주파수는 α에 대한 민감도만 있고, 나머지 두 개는 0이다. 따라서 α의 변화를 연구하기 위해서는 광주파수를 이용하는 것이 더 유리하다. 또한 수은 이온의 k_α는 다른 원자들과 달리 (−) 부호를 가지고 있다. 그런데 원자의 마이크로파 전이 주파수는 세 가지 기본상수에 대한 민감도를 모두 갖고 있

표 5.1 원자시계에 사용되는 원자 및 이온의 전이 주파수의 $\alpha, \mu, m_q/\Lambda_{QCD}$에 대한 민감도

	k_α	k_μ	k_q	비고
^{171}Yb$^+$	1.0	0	0	광주파수
^{199}Hg$^+$	−2.94	0	0	광주파수
^{27}Al$^+$	0.008	0	0	광주파수
^{133}Cs	2.83	1	0.002	마이크로파
^{87}Rb	2.34	1	−0.019	마이크로파
^{1}H$_{hfs}$	2.0	1	−0.100	마이크로파

참조: J. Guena, et al., PRL **109**, 080801 (2012).

29 T.H. Dinh, *et al.*, Phys. Rev. A **79**, 054102 (2009).

다. 여기서 쿼크의 질량과 관련된 민감도인 k_q는 다른 두 민감도에 비해 상대적으로 작다는 것을 알 수 있다.

4.3 원자시계의 주파수 비교 측정

광주파수 표준기에 사용되는 이트븀 이온(^{171}Yb$^+$)과 마이크로파 주파수 표준기에 사용되는 세슘 원자(^{133}Cs)의 에너지 구조가 그림 5.1에 나와 있다. 이트븀 이온의 경우 6s ^{2}S$_{1/2}$ F=0 ↔ 5d ^{2}D$_{3/2}$ F=2 사이의 전이선인 436 nm가 광주파수 표준으로 사용된다. 세슘은 바닥상태(5s)에 포함된 초미세 에너지 준위 F=4와 F=3 사이의 9.192 GHz가 마이크로파 주파수 표준으로 사용된다.

우리가 어떤 임의의 주파수를 측정하는 경우 주파수의 단위인 Hz로 표현하기 위해서는 Hz 단위를 정의하는 세슘 원자의 전이 주파수를 기준으로 측정해야 한다. 즉, 국제단위계에서 초의 정의에 사용되는 세슘 원자의 전이 주파수 $\Delta\nu_{Cs}$에 대한 임의의 주파수의 비를 측정하는 것이다. 예를 들어, 이트븀 이온(^{171}Yb$^+$) 시계의 주파수를 세슘 원자시계를 기준으로 측정하는 경우 Yb$^+$/Cs으로 표현한다. 이처럼 세슘 원자시계를 기준으로 주파수를 측정하는 것을 우리는 흔히 "절대 주파수(absolute frequency)"를 측정한다고 말한다.

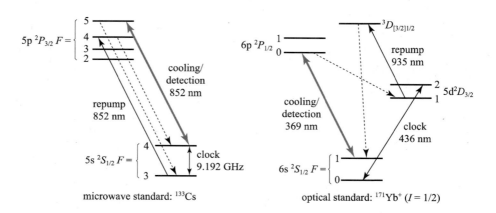

그림 5.1 세슘 원자(^{133}Cs)와 이터븀 이온(^{171}Yb$^+$)의 에너지 준위

표 5.2 원자 주파수 표준기의 비교 측정에 영향을 미치는 세 가지 상수의 민감도

주파수 비교	k_α	k_μ	k_q	비고
Yb^+/Cs	-1.83	-1	-0.002	세슘에 대한 광주파수
Hg^+/Cs	-5.77	-1	-0.002	세슘에 대한 광주파수
Al^+/Hg^+	2.95	0	0	광주파수에 대한 광주파수
Rb/Cs	-0.49	0	-0.021	세슘에 대한 마이크로파
$\text{H}_{\text{hfs}}/\text{Cs}$	-0.83	0	-0.102	세슘에 대한 마이크로파

참조: J. Guena, et al., PRL 109, 080801 (2012).

광주파수는 식 (5.1)과 식 (5.2)에서 보는 것처럼 뤼드베리 주파수($R_\infty c$)에 대한 의존성만 가지고 있다. 그런데 세슘은 식 (5.5)에서 보는 것처럼 뤼드베리 주파수 외에 미세구조상수와 핵자기모멘트에 대한 의존성도 있다. 이 때문에 만약 미세구조상수나 핵자기모멘트가 변한다면 광주파수 전이 자체에는 아무런 변화가 없을지라도 세슘에 대한 광주파수의 측정값에는 변화가 나타날 것이다.

그렇기 때문에 세슘원자를 기준으로 임의의 주파수를 측정하는 경우 표 5.1에서 본 세 가지 기본상수의 민감도는 달라진다. 표 5.2는 이를 반영한 민감도를 나타낸다. 표에서 보는 것처럼 세슘에 대해 이트븀이나 수은 이온의 전이주파수를 측정하면 세 가지 민감도가 모두 값을 가지게 된다. 그런데 광주파수를 광주파수에 대해 측정하는 경우(Al^+/Hg^+)에는 k_α만 남게 되므로 미세구조상수의 변화를 구하는 데 더 유리하다. 또한 마이크로파 주파수끼리 비교하는 경우(Rb/Cs, $\text{H}_{\text{hfs}}/\text{Cs}$)에는 k_μ가 0이 되어 m_e/m_p에 대한 의존성은 사라진다.

4.4 광주파수 측정에 의한 미세구조상수의 시간 변화 한계

이트븀 이온($^{171}\text{Yb}^+$)을 이용한 광주파수 표준기는 주로 독일 PTB(연방물리기술청)에서 연구해왔다. 이에 비해 미국 NIST(국립표준기술연구원)에서는 수은 이온($^{199}\text{Hg}^+$)을 이용한 광주파수 표준기를 연구해왔다. 이 두 기관은

Chapter 5 기본상수의 불변성에 관한 연구

각각 이 광주파수 표준기들의 주파수를 세슘 원자분수시계를 기준으로 수년 간 비교측정했다.

PTB의 이트븀 광주파수 표준기의 경우 2.8년의 시간 차이를 두고 f_{Yb}/f_{Cs} 주파수를 측정한 결과, 연간 주파수 변화는 $(-1.2\pm4.4)\times10^{-15}\,\mathrm{yr}^{-1}$을 보고 하고 있다.[30] NIST의 수은 광주파수 표준기의 경우 2년에 걸쳐 수차례 측정 한 결과 f_{Hg}/f_{Cs}의 연간 주파수 변화는 $\pm7\times10^{-15}\,\mathrm{yr}^{-1}$이 나왔다.[31]

이 두 결과로부터 상수의 시간 변화 한계를 계산하는 과정은 다음과 같다.

먼저 논의의 단순화를 위해 기본상수의 시간변화에 대한 이론모델을 적용 하지 않기로 한다. 다시 말하면 초미세구조의 전이 주파수는 배제하고 큰 구 조 전이 주파수만 고려한다. 즉, 식 (5.7)의 민감도 중에서 강한 핵력과 관련 된 k_μ와 k_q는 무시하고, 이론모델에 독립적인 요소만 고려하면 다음과 같이 쓸 수 있다.

$$\frac{\partial \ln f}{\partial t} = \frac{\partial (R_\infty c)}{\partial t} + k_\alpha \cdot \frac{\partial \ln \alpha}{\partial t} \tag{5.8}$$

이 식은 식 (5.3)을 광주파수 전이에 적용한 것과 같다. 이 식에서 $\partial \ln \alpha/\partial t$ 는 k_α에 대한 $\partial \ln f/\partial t$의 의존도로부터 구할 수 있다. 다시 말하면 x-축에는 k_α를, y-축에는 $\partial \ln f/\partial t$에 해당하는 점을 찍으면 그 기울기로부터 $\partial \ln \alpha/\partial t$ 를 구할 수 있다. 그런데 이것은 서로 다른 k_α값을 가지는 여러 종류의 광주 파수 표준기가 있어야만 가능하다. 그렇기 때문에 이 연구에서는 독일 PTB 와 미국 NIST의 데이터가 동시에 사용되고 있다. 그리고 k_α가 0일 때의 $\partial \ln f/\partial t$값이 $\partial \ln (R_\infty c)/\partial t$값이 된다. PTB의 E. Peik 등이 2004년에 보고 한, 수은 이온과 이트븀 이온 및 수소 원자의 광주파수의 연간 변화량으로부 터 구한 α와 뤼드베리 주파수 $R_\infty c$의 시간 변화의 한계는 다음과 같다.

$$\partial \ln \alpha/\partial t = (-0.3\pm2.0)\times10^{-15}\,\mathrm{yr}^{-1}$$
$$\partial \ln (R_\infty c)/\partial t = (-2.1\pm3.1)\times10^{-15}\,\mathrm{yr}^{-1}$$

30 E. Peik, *et al.,* Phys. Rev. Lett. **93**, 170801-1 (2004).
31 S. Bize, *et al.,* Phys. Rev. Lett. **90**, 150802-1 (2003).

여기서 두 기본상수의 변화량의 불확도가 평균값보다 크고 0을 포함하기 때문에 시간적으로 변한다고 볼 수 없다. 그런데 연간 10^{-15} 수준의 상대변화를 보인다는 것은 본 실험의 정밀도를 나타내는 것이다.

광주파수 표준기의 성능이 개선됨에 따라 상수의 시간변화는 더욱 엄격한 한계치를 나타낸다. 예를 들어, 영국 NPL(국립물리연구소)의 S.N. Lea가 그동안 발표된 논문들로부터 데이터를 분석하여 2007년에 발표한 바에 의하면, 이트븀과 수은 이온의 광주파수 변화로부터 계산된 결과는 다음과 같다.

$$\partial \ln \alpha / \partial t = (-0.4 \pm 0.4) \times 10^{-15} \text{ yr}^{-1}$$
$$\partial \ln (R_\infty c) / \partial t = (-0.9 \pm 1.2) \times 10^{-15} \text{ yr}^{-1}$$

여기서 α의 변화량의 불확도가 지금까지와는 달리 평균값과 같다는 것이 큰 의미를 갖는다. 단정하기는 아직 어렵지만 α의 시간적 변화가 ($-$) 부호를 가질 가능성이 높은데, 만약 그렇다면 옛날에 비해 현재의 α값이 더 크다는 것을 뜻한다.

독일 PTB에서는 2014년에 이트븀 이온 시계에서 기존에 사용하던 436 nm의 전이선이 아닌, 467 nm의 전기 8중극(octupole) 전이선($4f^{14}6s^2 S_{1/2}$ F=0 $\leftrightarrow$ $4f^{13}6s^2$ $2F_{7/2}$ F=3)을 이용하여 더욱 엄격한 α의 변화 한계를 구했다.[32] 이때 2대의 세슘 원자분수시계를 기준으로 광주파수를 측정했으며, 식 (5.7)에서와 같이 세슘의 초미세구조에 의한 효과를 고려하여 $\mu(= m_e/m_p)$의 변화 한계도 함께 구했다.

$$\partial \ln \alpha / \partial t = (-0.20 \pm 0.20) \times 10^{-16} \text{ yr}^{-1}$$
$$\partial \ln \mu / \partial t = (-0.5 \pm 1.6) \times 10^{-16} \text{ yr}^{-1}$$

여기서 α의 시간 변화의 한계는 2007년도 결과보다도 10배 이상 좁혀졌고, 불확도가 평균값과 같으며, 평균값은 여전히 ($-$) 부호를 가진다는 것을 알 수 있다.

한편 NPL에서는 이트븀 이온 시계에서 436 nm와 467 nm를 동시에 사용

---

32 N. Huntermann, *et al.*, Phys. Rev. Lett. **113**, 210802 (2014).

하여 두 광주파수를 직접 비교함으로써 독일 PTB의 결과보다 더욱 엄격한 변화 한계를 구했다.[33] 세슘 원자분수시계를 매개로 사용하지 않았다는 점이 PTB와 다르다.

$$\partial \ln \alpha / \partial t = (-0.7 \pm 2.1) \times 10^{-17} \, \text{yr}^{-1}$$
$$\partial \ln \mu / \partial t = (-0.2 \pm 1.1) \times 10^{-16} \, \text{yr}^{-1}$$

결론적으로 미세구조상수, 뤼드베리 주파수, 양성자 질량에 대한 전자의 질량과 같은 기본상수들의 값이 시간에 따라 변한다는 증거는 아직까지는 없다. 그렇지만 측정불확도가 더욱 좁아지고 있다.

4.5 맺는 말

기본상수 중 하나인 미세구조상수의 불변성을 검증하는 연구는 주로 우주에 있는 퀘이사에서 나온 빛의 스펙트럼을 분석하는 것이었다. 그런데 대상천체에 따라 또 사용한 천체 망원경에 따라 서로 반대되는 결과가 나와서 이것을 검증하기 위해선 전혀 다른 방법이 필요하다. 정확도가 높은 원자시계는 이 상수의 불변성을 검증하는데 중요한 도구로 사용되고 있다. 특히 광주파수 전이를 일으키는 원자(또는 이온)들은 그 전이 주파수의 변화가 미세구조상수에만 의존하기 때문에 이 상수의 불변성 연구에 더 유리하다. 현재까지의 결과는 불확도가 평균값보다 크고 0을 포함하기 때문에 상수가 변한다고 할 수 없다. 그렇지만 원자시계의 정확도가 높아질수록 변화 한계는 더욱 좁혀질 것으로 예상된다. 미세구조상수 외에도 아인슈타인의 등가원리 중 하나인 국소위치불변성(Local Position Invariance)에 대한 검증 연구를 세슘과 루비듐 분수시계로써 수행하고 있다.[34] 앞으로 과학의 여러 분야에서 원자시계의 활용이 더욱 커질것으로 기대된다.

---

33 R.M. Godun, *et al.*, Phys. Rev. Lett. **113**, 210801 (2014).

34 J. Guena, *et al.*, Phys. Rev. Lett. **109**, 080801 (2012).

Fundamental Constants and System of Units

Fundamental Constants and System of Units

부록

CODATA-2014
: 2014 CODATA recommended values

출처 http://physics.nist.gov/constants

Fundamental Physical Constants – Extensive Listing

Quantity	Symbol	Value	Unit	Relative std. uncert. u_r
UNIVERSAL				
speed of light in vacuum	c, c_0	299 792 458	m s^{-1}	exact
magnetic constant	μ_0	$4\pi\times10^{-7}$	N A^{-2}	
		$= 12.566\ 370\ 614...\times10^{-7}$	N A^{-2}	exact
electric constant $1/\mu_0 c^2$	ϵ_0	$8.854\ 187\ 817...\times10^{-12}$	F m^{-1}	exact
characteristic impedance of vacuum $\mu_0 c$	Z_0	376.730 313 461...	Ω	exact
Newtonian constant of gravitation	G	$6.674\ 08(31)\times10^{-11}$	m^3 kg^{-1} s^{-2}	4.7×10^{-5}
	$G/\hbar c$	$6.708\ 61(31)\times10^{-39}$	(GeV/c^2)$^{-2}$	4.7×10^{-5}
Planck constant	h	$6.626\ 070\ 040(81)\times10^{-34}$	J s	1.2×10^{-8}
		$4.135\ 667\ 662(25)\times10^{-15}$	eV s	6.1×10^{-9}
$h/2\pi$	$\hbar$	$1.054\ 571\ 800(13)\times10^{-34}$	J s	1.2×10^{-8}
		$6.582\ 119\ 514(40)\times10^{-16}$	eV s	6.1×10^{-9}
	$\hbar c$	197.326 9788(12)	MeV fm	6.1×10^{-9}
Planck mass $(\hbar c/G)^{1/2}$	m_P	$2.176\ 470(51)\times10^{-8}$	kg	2.3×10^{-5}
energy equivalent	$m_P c^2$	$1.220\ 910(29)\times10^{19}$	GeV	2.3×10^{-5}
Planck temperature $(\hbar c^5/G)^{1/2}/k$	T_P	$1.416\ 808(33)\times10^{32}$	K	2.3×10^{-5}
Planck length $\hbar/m_P c = (\hbar G/c^3)^{1/2}$	l_P	$1.616\ 229(38)\times10^{-35}$	m	2.3×10^{-5}
Planck time $l_P/c = (\hbar G/c^5)^{1/2}$	t_P	$5.391\ 16(13)\times10^{-44}$	s	2.3×10^{-5}
ELECTROMAGNETIC				
elementary charge	e	$1.602\ 176\ 6208(98)\times10^{-19}$	C	6.1×10^{-9}
	e/h	$2.417\ 989\ 262(15)\times10^{14}$	A J^{-1}	6.1×10^{-9}
magnetic flux quantum $h/2e$	Φ_0	$2.067\ 833\ 831(13)\times10^{-15}$	Wb	6.1×10^{-9}
conductance quantum $2e^2/h$	G_0	$7.748\ 091\ 7310(18)\times10^{-5}$	S	2.3×10^{-10}
inverse of conductance quantum	G_0^{-1}	12 906.403 7278(29)	Ω	2.3×10^{-10}
Josephson constant[1] $2e/h$	K_J	$483\ 597.8525(30)\times10^9$	Hz V^{-1}	6.1×10^{-9}
von Klitzing constant[2] $h/e^2 = \mu_0 c/2\alpha$	R_K	25 812.807 4555(59)	Ω	2.3×10^{-10}

(계속)

Quantity	Symbol	Value	Unit	Relative std. uncert. u_r
ELECTROMAGNETIC				
Bohr magneton $e\hbar/2m_e$	μ_B	927.400 9994(57)×10^{-26}	J T^{-1}	6.2×10^{-9}
		5.788 381 8012(26)×10^{-5}	eV T^{-1}	4.5×10^{-10}
	μ_B/h	13.996 245 042(86)×10^{9}	Hz T^{-1}	6.2×10^{-9}
	μ_B/hc	46.686 448 14(29)	m^{-1} T^{-1}	6.2×10^{-9}
	μ_B/k	0.671 714 05(39)	K T^{-1}	5.7×10^{-7}
nuclear magneton $e\hbar/2m_p$	μ_N	5.050 783 699(31)×10^{-27}	J T^{-1}	6.2×10^{-9}
		3.152 451 2550(15)×10^{-8}	eV T^{-1}	4.6×10^{-10}
	μ_N/h	7.622 593 285(47)	MHz T^{-1}	6.2×10^{-9}
	μ_N/hc	2.542 623 432(16)×10^{-2}	m^{-1} T^{-1}	6.2×10^{-9}
	μ_N/k	3.658 2690(21)×10^{-4}	K T^{-1}	5.7×10^{-7}
ATOMIC AND NUCLEAR				
General				
fine-structure constant $e^2/4\pi\epsilon_0\hbar c$	α	7.297 352 5664(17)×10^{-3}		2.3×10^{-10}
inverse fine-structure constant	α^{-1}	137.035 999 139(31)		2.3×10^{-10}
Rydberg constant $\alpha^2 m_e c/2h$	R_∞	10 973 731.568 508(65)	m^{-1}	5.9×10^{-12}
	$R_\infty c$	3.289 841 960 355(19)×10^{15}	Hz	5.9×10^{-12}
	$R_\infty hc$	2.179 872 325(27)×10^{-18}	J	1.2×10^{-8}
		13.605 693 009(84)	eV	6.1×10^{-9}
Bohr radius $\alpha/4\pi R_\infty = 4\pi\epsilon_0\hbar^2/m_e e^2$	a_0	0.529 177 210 67(12)×10^{-10}	m	2.3×10^{-10}
Hartree energy $e^2/4\pi\epsilon_0 a_0 = 2R_\infty hc = \alpha^2 m_e e^2$	E_h	4.359 744 650(54)×10^{-18}	J	1.2×10^{-8}
		27.211 386 02(17)	eV	6.1×10^{-9}
quantum of circulation	$h/2m_e$	3.636 947 5486(17)×10^{-4}	m^2 s^{-1}	4.5×10^{-10}
	h/m_e	7.273 895 0972(33)×10^{-4}	m^2 s^{-1}	4.5×10^{-10}
Electroweak				
Fermi coupling constant[3]	$G_F/(\hbar c)^3$	1.166 3787(6)×10^{-5}	GeV^{-2}	5.1×10^{-7}
weak mixing angle[4] θ_W(on-shell scheme) $\sin^2\theta_W = s_W^2 \equiv 1-(m_W/m_Z)^2$	$\sin^2\theta_W$	0.2223(21)		9.5×10^{-3}
Electron, e^{-}				
electron mass	m_e	9.109 383 56(11)×10^{-31}	kg	1.2×10^{-8}
		5.485 799 090 70(16)×10^{-4}	u	2.9×10^{-11}

(계속)

Quantity	Symbol	Value	Unit	Relative std. uncert. u_r
Electron, e⁻				
energy equivalent	$m_e c^2$	$8.187\ 105\ 65(10)\times 10^{-14}$	J	1.2×10^{-8}
		$0.510\ 998\ 9461(31)$	MeV	6.2×10^{-9}
electron-muon mass ratio	m_e/m_μ	$4.836\ 331\ 70(11)\times 10^{-3}$		2.2×10^{-8}
electron-tau mass ratio	m_e/m_τ	$2.875\ 92(26)\times 10^{-4}$		9.0×10^{-5}
electron-proton mass ratio	m_e/m_p	$5.446\ 170\ 213\ 52(52)\times 10^{-4}$		9.5×10^{-11}
electron-neutron mass ratio	m_e/m_n	$5.438\ 673\ 4428(27)\times 10^{-4}$		4.9×10^{-10}
electron-deuteron mass ratio	m_e/m_d	$2.724\ 437\ 107\ 484(96)\times 10^{-4}$		3.5×10^{-11}
electron-triton mass ratio	m_e/m_t	$1.819\ 200\ 062\ 203(84)\times 10^{-4}$		4.6×10^{-11}
electron-helion mass ratio	m_e/m_h	$1.819\ 543\ 074\ 854(88)\times 10^{-4}$		4.9×10^{-11}
electron to alpha particle mass ratio	m_e/m_α	$1.370\ 933\ 554\ 798(45)\times 10^{-4}$		3.3×10^{-11}
electron charge to mass quotient	$-e/m_e$	$-1.758\ 820\ 024(11)\times 10^{11}$	C kg⁻¹	6.2×10^{-9}
electron molar mass $N_A m_e$	$M(e),\ M_e$	$5.485\ 799\ 090\ 70(16)\times 10^{-7}$	kg mol⁻¹	2.9×10^{-11}
Compton wavelength $h/m_e c$	λ_C	$2.426\ 310\ 2367(11)\times 10^{-12}$	m	4.5×10^{-10}
$\lambda_C/2\pi = \alpha a_0 = \alpha^2/4\pi R_\infty$	$\lambdabar_C$	$386.159\ 267\ 64(18)\times 10^{-15}$	m	4.5×10^{-10}
classical electron radius $\alpha^2 a_0$	r_e	$2.817\ 940\ 3227(19)\times 10^{-15}$	m	6.8×10^{-10}
Thomson cross section $(8\pi/3)r_e^2$	σ_e	$0.665\ 245\ 871\ 58(91)\times 10^{-28}$	m²	1.4×10^{-9}
electron magnetic moment	μ_e	$-928.476\ 4620(57)\times 10^{-26}$	J T⁻¹	6.2×10^{-9}
to Bohr magneton ratio	μ_e/μ_B	$-1.001\ 159\ 652\ 180\ 91(26)$		2.6×10^{-13}
to nuclear magneton ratio	μ_e/μ_N	$-1838.281\ 972\ 34(17)$		9.5×10^{-11}
electron magnetic moment anomaly $\lvert\mu_e\rvert/\mu_B - 1$	a_e	$1.159\ 652\ 180\ 91(26)\times 10^{-3}$		2.3×10^{-10}
electron g-factor $-2(1+a_e)$	g_e	$-2.002\ 319\ 304\ 361\ 82(52)$		2.6×10^{-13}
electron-muon magnetic moment ratio	μ_e/μ_μ	$206.766\ 9880(46)$		2.2×10^{-8}
electron-proton magnetic moment ratio	μ_e/μ_p	$-658.210\ 6866(20)$		3.0×10^{-9}
electron to shielded proton magnetic moment ratio (H₂O, sphere, 25 ℃)	μ_e/μ'_p	$-658.227\ 5971(72)$		1.1×10^{-8}
electron-neutron magnetic moment ratio	μ_e/μ_n	$960.920\ 50(23)$		2.4×10^{-7}

(계속)

Quantity	Symbol	Value	Unit	Relative std. uncert. u_{r}
Electron, e^-				
electron-deuteron magnetic moment ratio	$\mu_{\mathrm{e}}/\mu_{\mathrm{d}}$	$-2143.923\ 499(12)$		5.5×10^{-9}
electron to shielded helion magnetic moment ratio (gas, sphere, 25 ℃)	$\mu_{\mathrm{e}}/\mu'_{\mathrm{h}}$	$864.058\ 257(10)$		1.2×10^{-8}
electron gyromagnetic ratio $2\lvert\mu_{\mathrm{e}}\rvert/\hbar$	γ_{e}	$1.760\ 859\ 644(11)\times10^{-11}$	$\mathrm{s^{-1}\ T^{-1}}$	6.2×10^{-9}
	$\gamma_{\mathrm{e}}/2\pi$	$28\ 024.951\ 64(17)$	$\mathrm{MHz\ T^{-1}}$	6.2×10^{-9}
Muon, μ^-				
muon mass	m_{μ}	$1.883\ 531\ 594(48)\times10^{-28}$	kg	2.5×10^{-8}
		$0.113\ 428\ 9257(25)$	u	2.2×10^{-8}
energy equivalent	$m_{\mu}c^2$	$1.692\ 833\ 774(43)\times10^{-11}$	J	2.5×10^{-8}
		$105.658\ 3745(24)$	MeV	2.3×10^{-8}
muon-electron mass ratio	m_{μ}/m_{e}	$206.768\ 2826(46)$		2.2×10^{-8}
muon-tau mass ratio	m_{μ}/m_{τ}	$5.946\ 49(54)\times10^{-2}$		9.0×10^{-5}
muon-proton mass ratio	m_{μ}/m_{p}	$0.112\ 609\ 5262(25)$		2.2×10^{-8}
muon-neutron mass ratio	m_{μ}/m_{n}	$0.112\ 454\ 5167(25)$		2.2×10^{-8}
muon molar mass $N_{\mathrm{A}}m_{\mu}$	$M(\mu),\ M_{\mu}$	$0.113\ 428\ 9257(25)\times10^{-3}$	$\mathrm{kg\ mol^{-1}}$	2.2×10^{-8}
muon Compton wavelength $h/m_{\mu}c$	$\lambda_{\mathrm{C},\mu}$	$11.734\ 441\ 11(26)\times10^{-15}$	m	2.2×10^{-8}
$\lambda_{\mathrm{C},\mu}/2\pi$	$\lambdabar_{\mathrm{C},\mu}$	$1.867\ 594\ 308(42)\times10^{-15}$	m	2.2×10^{-8}
muon magnetic moment	μ_{μ}	$-4.490\ 448\ 26(10)\times10^{-26}$	$\mathrm{J\ T^{-1}}$	2.3×10^{-8}
to Bohr magneton ratio	$\mu_{\mu}/\mu_{\mathrm{B}}$	$-4.841\ 970\ 48(11)\times10^{-3}$		2.2×10^{-8}
to nuclear magneton ratio	$\mu_{\mu}/\mu_{\mathrm{N}}$	$-8.890\ 597\ 05(20)$		2.2×10^{-8}
muon magnetic moment anomaly $\lvert\mu_{\mu}\rvert/(e\hbar/2m_{\mu})-1$	a_{μ}	$1.165\ 920\ 89(63)\times10^{-3}$		5.4×10^{-7}
muon g-factor $-2(1+a_{\mu})$	g_{μ}	$-2.002\ 331\ 8418(13)$		6.3×10^{-10}
muon-proton magnetic moment ratio	$\mu_{\mu}/\mu_{\mathrm{p}}$	$-3.183\ 345\ 142(71)$		2.2×10^{-8}
Tau, τ^-				
tau mass[5]	m_{τ}	$3.167\ 47(29)\times10^{-27}$	kg	9.0×10^{-5}
		$1.907\ 49(17)$	u	9.0×10^{-5}
energy equivalent	$m_{\tau}c^2$	$2.846\ 78(26)\times10^{-10}$	J	9.0×10^{-5}
		$1776.82(16)$	MeV	9.0×10^{-5}

(계속)

Quantity	Symbol	Value	Unit	Relative std. uncert. u_r
Tau, τ^-				
tau-electron mass ratio	m_τ/m_e	3477.15(31)		9.0×10^{-5}
tau-muon mass ratio	m_τ/m_μ	16.8167(15)		9.0×10^{-5}
tau-proton mass ratio	m_τ/m_p	1.893 72(17)		9.0×10^{-5}
tau-neutron mass ratio	m_τ/m_n	1.891 11(17)		9.0×10^{-5}
tau molar mass $N_A m_\tau$	$M(\tau), M_\tau$	$1.907\ 49(17)\times10^{-3}$	kg mol^{-1}	9.0×10^{-5}
tau Compton wavelength $h/m_\tau c$	$\lambda_{C,\tau}$	$0.697\ 787(63)\times10^{-15}$	m	9.0×10^{-5}
$\lambda_{C,\tau}/2\pi$	$\lambdabar_{C,\tau}$	$0.111\ 056(10)\times10^{-15}$	m	9.0×10^{-5}
Proton, p				
proton mass	m_p	$1.672\ 621\ 898(21)\times10^{-27}$	kg	1.2×10^{-8}
		$1.007\ 276\ 466\ 879(91)$	u	9.0×10^{-11}
energy equivalent	$m_p c^2$	$1.503\ 277\ 593(18)\times10^{-10}$	J	1.2×10^{-8}
		$938.272\ 0813(58)$	MeV	6.2×10^{-9}
proton-electron mass ratio	m_p/m_e	1836.152 673 89(17)		9.5×10^{-11}
proton-muon mass ratio	m_p/m_μ	8.880 243 38(20)		2.2×10^{-8}
proton-tau mass ratio	m_p/m_τ	0.528 063(48)		9.0×10^{-5}
proton-neutron mass ratio	m_p/m_n	0.998 623 478 44(51)		5.1×10^{-10}
proton charge to mass quotient	e/m_p	$9.578\ 833\ 226(59)\times10^7$	C kg^{-1}	6.2×10^{-9}
proton molar mass $N_A m_p$	$M(p), M_p$	$1.007\ 276\ 466\ 879(91)\times10^{-3}$	kg mol^{-1}	9.0×10^{-11}
proton Compton wavelength $h/m_p c$	$\lambda_{C,p}$	$1.321\ 409\ 853\ 96(61)\times10^{-15}$	m	4.6×10^{-10}
$\lambda_{C,p}/2\pi$	$\lambdabar_{C,p}$	$0.210\ 308\ 910\ 109(97)\times10^{-15}$	m	4.6×10^{-10}
proton rms charge radius	r_p	$0.8751(61)\times10^{-15}$	m	7.0×10^{-3}
proton magnetic moment	μ_p	$1.410\ 606\ 7873(97)\times10^{-26}$	J T^{-1}	6.9×10^{-9}
to Bohr magneton ratio	μ_p/μ_B	$1.521\ 032\ 2053(46)\times10^{-3}$		3.0×10^{-9}
to nuclear magneton ratio	μ_p/μ_N	2.792 847 3508(85)		3.0×10^{-9}
proton g-factor $2\mu_p/\mu_N$	g_p	5.585 694 702(17)		3.0×10^{-9}
proton-neutron magnetic moment ratio	μ_p/μ_n	$-1.459\ 898\ 05(34)$		2.4×10^{-7}
shielded proton magnetic moment (H_2O, sphere, 25 ℃)	μ'_p	$1.410\ 570\ 547(18)\times10^{-26}$	J T^{-1}	1.3×10^{-8}

(계속)

Quantity	Symbol	Value	Unit	Relative std. uncert. u_r
Proton, p				
to Bohr magneton ratio	μ'_p/μ_B	$1.520\ 993\ 128(17)\times10^{-3}$		1.1×10^{-8}
to nuclear magneton ratio	μ'_p/μ_N	$2.792\ 775\ 600(30)$		1.1×10^{-8}
proton magnetic shielding correction $1-\mu'_p/\mu_p$ (H$_2$O, sphere, 25 ℃)	σ'_p	$25.691(11)\times10^{-6}$		4.4×10^{-4}
proton gyromagnetic ratio $2\mu_p/\hbar$	γ_p	$2.675\ 221\ 900(18)\times10^{8}$	s^{-1} T^{-1}	6.9×10^{-9}
	$\gamma_p/2\pi$	$42.577\ 478\ 92(29)$	MHz T^{-1}	6.9×10^{-9}
shielded proton gyromagnetic ratio $2\mu'_p/\hbar$ (H$_2$O, sphere, 25 ℃)	γ'_p	$2.675\ 153\ 171(33)\times10^{8}$	s^{-1} T^{-1}	1.3×10^{-8}
	$\gamma'_p/2\pi$	$42.576\ 385\ 07(53)$	MHz T^{-1}	1.3×10^{-8}
Neutron, n				
neutron mass	m_n	$1.674\ 927\ 471(21)\times10^{-27}$	kg	1.2×10^{-8}
		$1.008\ 664\ 915\ 88(49)$	u	4.9×10^{-10}
energy equivalent	$m_n c^2$	$1.505\ 349\ 739(19)\times10^{-10}$	J	1.2×10^{-8}
		$939.565\ 4133(58)$	MeV	6.2×10^{-9}
neutron-electron mass ratio	m_n/m_e	$1838.683\ 661\ 58(90)$		4.9×10^{-10}
neutron-muon mass ratio	m_n/m_μ	$8.892\ 484\ 08(20)$		2.2×10^{-8}
neutron-tau mass ratio	m_n/m_τ	$0.528\ 790(48)$		9.0×10^{-5}
neutron-proton mass ratio	m_n/m_p	$1.001\ 378\ 418\ 98(51)$		5.1×10^{-10}
neutron-proton mass difference	m_n-m_p	$2.305\ 573\ 77(85)\times10^{-30}$	kg	3.7×10^{-7}
		$0.001\ 388\ 449\ 00(51)$	u	3.7×10^{-7}
energy equivalent	$(m_n-m_p)c^2$	$2.072\ 146\ 37(76)\times10^{-13}$	J	3.7×10^{-7}
		$1.293\ 332\ 05(48)$	MeV	3.7×10^{-7}
neutron molar mass $N_A m_n$	$M(n),\ M_n$	$1.008\ 664\ 915\ 88(49)\times10^{-3}$	kg mol^{-1}	4.9×10^{-10}
neutron Compton wavelength $h/m_n c$	$\lambda_{C,n}$	$1.319\ 590\ 904\ 81(88)\times10^{-15}$	m	6.7×10^{-10}
$\lambda_{C,n}/2\pi$	$\lambdabar_{C,n}$	$0.210\ 019\ 415\ 36(14)\times10^{-15}$	m	6.7×10^{-10}
neutron magnetic moment	μ_n	$-0.966\ 236\ 50(23)\times10^{-26}$	J T^{-1}	2.4×10^{-7}
to Bohr magneton ratio	μ_n/μ_B	$-1.041\ 875\ 63(25)\times10^{-3}$		2.4×10^{-7}
to nuclear magneton ratio	μ_n/μ_N	$-1.913\ 042\ 73(45)$		2.4×10^{-7}
neutron g-factor $2\mu_n/\mu_N$	g_n	$-3.826\ 085\ 45(90)$		2.4×10^{-7}

(계속)

Quantity	Symbol	Value	Unit	Relative std. uncert. u_r
Neutron, n				
neutron-electron magnetic moment ratio	μ_n/μ_e	$1.040\ 668\ 82(25)\times10^{-3}$		2.4×10^{-7}
neutron-proton magnetic moment ratio	μ_n/μ_p	$-0.684\ 979\ 34(16)$		2.4×10^{-7}
neutron to shielded proton magnetic moment ratio (H_2O, sphere, 25 ℃)	μ_n/μ'_p	$-0.684\ 996\ 94(16)$		2.4×10^{-7}
neutron gyromagnetic ratio $2|\mu_n|/\hbar$	γ_n	$1.832\ 471\ 72(43)\times10^{8}$	$s^{-1}\ T^{-1}$	2.4×10^{-7}
	$\gamma_n/2\pi$	$29.164\ 6933(69)$	$MHz\ T^{-1}$	2.4×10^{-7}
Deuteron, d				
deuteron mass	m_d	$3.343\ 583\ 719(41)\times10^{-27}$	kg	1.2×10^{-8}
energy equivalent		$2.013\ 553\ 212\ 745(40)$	u	2.0×10^{-11}
	m_dc^2	$3.005\ 063\ 183(37)\times10^{-10}$	J	1.2×10^{-8}
		$1875.612\ 928(12)$	MeV	6.2×10^{-9}
deuteron-electron mass ratio	m_d/m_e	$3670.482\ 967\ 85(13)$		3.5×10^{-11}
deuteron-proton mass ratio	m_d/m_p	$1.999\ 007\ 500\ 87(19)$		9.3×10^{-11}
deuteron molar mass $N_A m_d$	$M(d), M_d$	$2.013\ 553\ 212\ 745(40)\times10^{-3}$	$kg\ mol^{-1}$	2.0×10^{-11}
deuteron rms charge radius	r_d	$2.1413(25)\times10^{-15}$	m	1.2×10^{-3}
deuteron magnetic moment	μ_d	$0.433\ 073\ 5040(36)\times10^{-26}$	$J\ T^{-1}$	8.3×10^{-9}
to Bohr magneton ratio	μ_d/μ_B	$0.466\ 975\ 4554(26)\times10^{-3}$		5.5×10^{-9}
to nuclear magneton ratio	μ_d/μ_N	$0.857\ 438\ 2311(48)$		5.5×10^{-9}
deuteron g-factor μ_d/μ_N	g_d	$0.857\ 438\ 2311(48)$		5.5×10^{-9}
deuteron-electron magnetic moment ratio	μ_d/μ_e	$-4.664\ 345\ 535(26)\times10^{-4}$		5.5×10^{-9}
deuteron-proton magnetic moment ratio	μ_d/μ_p	$0.307\ 012\ 2077(15)$		5.0×10^{-9}
deuteron-neutron magnetic moment ratio	μ_d/μ_n	$-0.448\ 206\ 52(11)$		2.4×10^{-7}
Triton, t				
triton mass	m_t	$5.007\ 356\ 665(62)\times10^{-27}$	kg	1.2×10^{-8}
energy equivalent		$3.015\ 500\ 716\ 32(11)$	u	3.6×10^{-11}
	m_tc^2	$4.500\ 387\ 735(55)\times10^{-10}$	J	1.2×10^{-8}
		$2808.921\ 112(17)$	MeV	6.2×10^{-9}
triton-electron mass ratio	m_t/m_e	$5496.921\ 535\ 88(26)$		4.6×10^{-11}
triton-proton mass ratio	m_t/m_p	$2.993\ 717\ 033\ 48(22)$		7.5×10^{-11}

(계속)

Quantity	Symbol	Value	Unit	Relative std. uncert. u_r
Triton, t				
triton molar mass $N_A m_t$	$M(t)$, M_t	3.015 500 716 32(11)$\times 10^{-3}$	kg mol^{-1}	3.6×10^{-11}
triton magnetic moment	μ_t	1.504 609 503(12)$\times 10^{-26}$	J T^{-1}	7.8×10^{-9}
to Bohr magneton ratio	μ_t/μ_B	1.622 393 6616(76)$\times 10^{-3}$		4.7×10^{-9}
to nuclear magneton ratio	μ_t/μ_N	2.978 962 460(14)		4.7×10^{-9}
triton g-factor $2\mu_t/\mu_N$	g_t	5.957 924 920(28)		4.7×10^{-9}
Helion, h				
helion mass	m_h	5.006 412 700(62)$\times 10^{-27}$	kg	1.2×10^{-8}
		3.014 932 246 73(12)	u	3.9×10^{-11}
energy equivalent	$m_h c^2$	4.499 539 341(55)$\times 10^{-10}$	J	1.2×10^{-8}
		2808.391 586(17)	MeV	6.2×10^{-9}
helion-electron mass ratio	m_h/m_e	5495.885 279 22(27)		4.9×10^{-11}
helion-proton mass ratio	m_h/m_p	2.993 152 670 46(29)		9.6×10^{-11}
helion molar mass $N_A m_h$	$M(h)$, M_h	3.014 932 246 73(12)$\times 10^{-3}$	kg mol^{-1}	3.9×10^{-11}
helion magnetic moment	μ_h	$-$1.074 617 522(14)$\times 10^{-26}$	J T^{-1}	1.3×10^{-8}
to Bohr magneton ratio	μ_h/μ_B	$-$1.158 740 958(14)$\times 10^{-3}$		1.2×10^{-8}
to nuclear magneton ratio	μ_h/μ_N	$-$2.127 625 308(25)		1.2×10^{-8}
helion g-factor $2\mu_h/\mu_N$	g_h	$-$4.255 250 616(50)		1.2×10^{-8}
shielded helion magnetic moment (gas, sphere, 25 ℃)	μ'_h	$-$1.074 553 080(14)$\times 10^{-26}$	J T^{-1}	1.3×10^{-8}
to Bohr magneton ratio	μ'_h/μ_B	$-$1.158 671 471(14)$\times 10^{-3}$		1.2×10^{-8}
to nuclear magneton ratio	μ'_h/μ_N	$-$2.127 497 720(25)		1.2×10^{-8}
shielded helion to proton magnetic moment ratio (gas, sphere, 25 ℃)	μ'_h/μ_p	$-$0.761 766 5603(92)		1.2×10^{-8}
shielded helion to shielded proton magnetic moment ratio (gas/H$_2$O, spheres, 25 ℃)	μ'_h/μ'_p	$-$0.761 786 1313(33)		4.3×10^{-9}
shielded helion gyromagnetic ratio $2|\mu'_h|/\hbar$ (gas, sphere, 25 ℃)	γ'_h	2.037 894 585(27)$\times 10^{8}$	s^{-1} T^{-1}	1.3×10^{-8}
	$\gamma'_p/2\pi$	32.434 099 66(43)	MHz T^{-1}	1.3×10^{-8}

(계속)

Quantity	Symbol	Value	Unit	Relative std. uncert. u_r
Alpha particle, α				
alpha particle mass	m_α	$6.644\ 657\ 230(82)\times10^{-27}$	kg	1.2×10^{-8}
		$4.001\ 506\ 179\ 127(63)$	u	1.6×10^{-11}
energy equivalent	$m_\alpha c^2$	$5.971\ 920\ 097(73)\times10^{-10}$	J	1.2×10^{-8}
		$3727.379\ 378(23)$	MeV	6.2×10^{-9}
alpha particle to electron mass ratio	m_α/m_e	$7294.299\ 541\ 36(24)$		3.3×10^{-11}
alpha particle to proton mass ratio	m_α/m_p	$3.972\ 599\ 689\ 07(36)$		9.2×10^{-11}
alpha particle molar mass $N_A m_\alpha$	$M(\alpha), M_\alpha$	$4.001\ 506\ 179\ 127(63)\times10^{-3}$	kg mol^{-1}	1.6×10^{-11}
PHYSICOCHEMICAL				
Avogadro constant	N_A, L	$6.022\ 140\ 857(74)\times10^{23}$	mol^{-1}	1.2×10^{-8}
atomic mass constant $$m_u = \frac{1}{12}m(^{12}C) = 1\,u$$	m_u	$1.660\ 539\ 040(20)\times10^{-27}$	kg	1.2×10^{-8}
energy equivalent	$m_u c^2$	$1.492\ 418\ 062(18)\times10^{-10}$	J	1.2×10^{-8}
		$931.494\ 0954(57)$	MeV	6.2×10^{-9}
Faraday constant[6] $N_A e$	F	$96\ 485.332\ 89(59)$	C mol^{-1}	6.2×10^{-9}
molar Planck constant	$N_A h$	$3.990\ 312\ 7110(18)\times10^{-10}$	J s mol^{-1}	4.5×10^{-10}
	$N_A hc$	$0.119\ 626\ 565\ 582(54)$	J m mol^{-1}	4.5×10^{-10}
molar gas constant	R	$8.314\ 4598(48)$	J mol^{-1} K^{-1}	5.7×10^{-7}
Boltzmann constant R/N_A	k	$1.380\ 648\ 52(79)\times10^{-23}$	J K^{-1}	5.7×10^{-7}
		$8.617\ 3303(50)\times10^{-5}$	eV K^{-1}	5.7×10^{-7}
	k/h	$2.083\ 6612(12)\times10^{10}$	Hz K^{-1}	5.7×10^{-7}
	k/hc	$69.503\ 457(40)$	m^{-1} K^{-1}	5.7×10^{-7}
molar volume of ideal gas RT/p $T=273.15$ K, $p=100$ kPa	V_m	$22.710\ 947(13)\times10^{-3}$	m^3 mol^{-1}	5.7×10^{-7}
Loschmidt constant N_A/V_m	n_0	$2.651\ 6467(15)\times10^{25}$	m^{-3}	5.7×10^{-7}
molar volume of ideal gas RT/p $T=273.15$ K, $p=101.325$ kPa	V_m	$22.413\ 962(13)\times10^{-3}$	m^3 mol^{-1}	5.7×10^{-7}
Loschmidt constant N_A/V_m	n_0	$2.686\ 7811(15)\times10^{25}$	m^{-3}	5.7×10^{-7}
Sackur-Tetrode (absolute entropy) constant[7] $$\frac{5}{2}+\ln[(2\pi m_u kT_1/h^2)^{3/2}kT_1/p_0]$$				

Quantity	Symbol	Value	Unit	Relative std. uncert. u_r
PHYSICOCHEMICAL				
$T_1 = 1\,\text{K}, \ p_0 = 100\,\text{kPa}$ $T_1 = 1\,\text{K}, \ p_0 = 101.325\,\text{kPa}$	S_0/R	$-1.151\ 7084(14)$ $-1.164\ 8714(14)$		1.2×10^{-6} 1.2×10^{-6}
Stefan-Boltzmann constant $(\pi^2/60)k^4/\hbar^3 c^2$	σ	$5.670\ 367(13) \times 10^{-8}$	$\text{W m}^{-2}\ \text{K}^{-4}$	2.3×10^{-6}
first radiation constant $2\pi hc^2$	c_1	$3.741\ 771\ 790(46) \times 10^{-16}$	W m^2	1.2×10^{-8}
first radiation constant for spectral radiance $2hc^2$	c_{1L}	$1.191\ 042\ 953(15) \times 10^{-16}$	$\text{W m}^2\ \text{sr}^{-1}$	1.2×10^{-8}
second radiation constant hc/k	c_2	$1.438\ 777\ 36(83) \times 10^{-2}$	m K	5.7×10^{-7}
Wien displacement law constants $b = \lambda_{\max}T = c_2/4.965\ 114\ 231...$ $b' = \nu_{\max}/T = 2.821\ 439\ 372...\ c/c_2$	b b'	$2.897\ 7729(17) \times 10^{-3}$ $5.878\ 9238(34) \times 10^{10}$	m K Hz K^{-1}	5.7×10^{-7} 5.7×10^{-7}

[1.] See the "Adopted values" table for the conventional value adopted internationally for realizing representations of the volt using the Josephson effect.

[2.] See the "Adopted values" table for the conventional value adopted internationally for realizing representations of the ohm using the quantum Hall effect.

[3.] Value recommended by the Particle Data Group (Olive *et al.*, 2014).

[4.] Based on the ratio of the masses of the W and Z bosons m_W/m_Z recommended by the Particle Data Group (Olive *et al.*, 2014). The value for $\sin^2\theta_W$ they recommend, which is based on a particular variant of the modified minimal subtraction ($\overline{\text{MS}}$) scheme, is $\sin^2\theta_W(M_Z) = 0.231\ 26(5)$.

[5.] This and all other values involving m_τ are based on the value of $m_\tau c^2$ in MeV recommended by the Particle Data Group (Olive *et al.*, 2014).

[6.] The numerical value of F to be used in coulometric chemical measurements is $96\ 485.3251(12)\ [1.2 \times 10^{-8}]$ when the relevant current is measured in terms of representations of the volt and ohm based on the Josephson and quantum Hall effects and the internationally adopted conventional values of the Josephson and von Klitzing constants K_{J-90} and R_{K-90} given in the "Adopted values" table.

[7.] The entropy of an ideal monoatomic gas of relative atomic mass A_r is given by $S = S_0 + \frac{3}{2}R\ln A_r - R\ln(p/p_0) + \frac{5}{2}R\ln(T/\text{K})$.

Fundamental Physical Constants – Adopted values

Quantity	Symbol	Value	Unit	Relative std. uncert. u_r
UNIVERSAL				
relative atomic mass[1] of ^{12}C	$A_r(^{12}C)$	12		exact
molar mass constant	M_u	1×10^{-3}	kg mol^{-1}	exact
molar mass of ^{12}C	$M(^{12}C)$	12×10^{-3}	kg mol^{-1}	exact
conventional value of Josephson constant[2]	K_{J-90}	483 597.9	GHz V^{-1}	exact
conventional value of von Klitzing constant[3]	R_{K-90}	25 812.807	Ω	exact
standard-state pressure		100	kPa	exact
standard atmosphere		101.325	kPa	exact

[1.] The relative atomic mass $A_r(X)$ of particle X with mass $m(X)$ is defined by $A_r(X) = m(X)/m_u$, where $m_u = m(^{12}C)/12$ $= M_u/N_A = 1\,u$ is the atomic mass constant, N_A is the Avogadro constant, and u is the atomic mass unit. Thus the mass of particle X in u is $m(X) = A_r(X)$ u and the molar mass of X is $M(X) = A_r(X)M_u$.

[2.] This is the value adopted internationally for realizing representations of the volt using the Josephson effect.

[3.] This is the value adopted internationally for realizing representations of the ohm using the quantum Hall effect.

INDEX

KRISS 학술총서 제1권
기본상수와 단위계

2016년 9월 25일 제1판 1쇄 인쇄 | 2016년 9월 30일 제1판 1쇄 펴냄
지은이 이호성·한국표준과학연구원 | **펴낸이** 류원식 | **펴낸곳** **청문각출판**

편집팀장 우종현 | **본문편집** 디자인이투이 | **표지디자인** 블루
제작 김선형 | **홍보** 김은주 | **영업** 함승형·이훈섭 | **인쇄** 영프린팅 | **제본** 한진제본

주소 (10881) 경기도 파주시 문발로 116(문발동 536-2) | **전화** 1644-0965(대표)
팩스 070-8650-0965 | **등록** 2015. 01. 08. 제406-2015-000005호
홈페이지 www.cmgpg.co.kr | **E-mail** cmg@cmgpg.co.kr
ISBN 978-89-6364-293-2 (93400) | **값** 13,000원

이 책은 한국표준과학연구원 학술총서 제1권입니다.